有梗的元素教室

マンガと図鑑でおもしろい！わかる元素の本

週期表君 與他的

丟系哇！！

元素小夥伴

圖文 上谷夫婦

譯 李沛栩

審定 鄭志鵬

某一天

第三類接觸

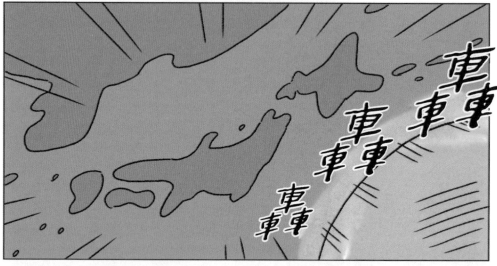

在日本某座島上，有間遠離人煙的研究所

新波博士

也是這位博士的家兼實驗室。

嗯～原來

什麼聲音？

嗡 嗡 嗡 嗡

嗡 嗡 嗡 嗡

咦…

發生什麼事？

砰 砰 砰 砰

那個……

!!

你是地球人嗎？

我是？

奇怪，我是……

你果然是外星人！

對地球人來說，算是啦。

會不會是降落的撞擊，害你失憶了？

為什麼想不起來？

沒事吧。

奇怪……？？

目錄頁

第 1 章
元素與週期表

第 2 章
與我們密不可分的元素

新波博士

本名新波博志。過去是研究機關的研究員，現在則在沒有人的地方，成立「新波研究所」，獨自研究著喜歡的東西、過著充實的生活。最喜歡穿夏威夷花襯衫了。

登場人物介紹

週期表君

從距離地球非常非常遙遠的「雀躍行星」，搭乘太空船來到地球，是一個外星人。然而，降落地球時的撞擊，卻讓他忘記自己的名字和來到地球的目的。後來博士幫他取名為週期表君。手臂可以像橡膠一樣伸縮自如。

本書以漫畫的方式介紹和解說各種元素。第5章還有各種元素的圖鑑，可以一邊看漫畫、一邊搭配元素圖鑑來認識元素喔。

※圖鑑的使用方法，請見第118頁。

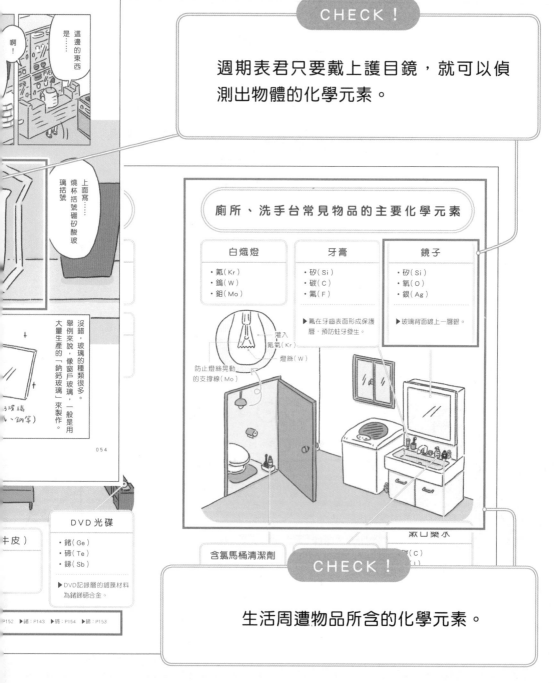

本書使用方法

CHECK！

趣味的補充知識

CHECK！

週期表君所發現元素在元素圖鑑的對應頁碼。

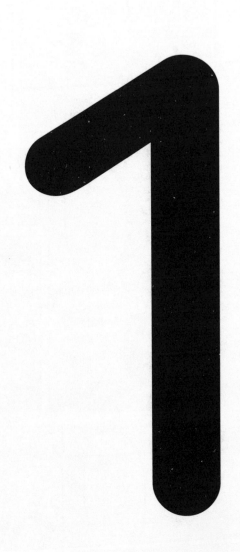

元素與週期表

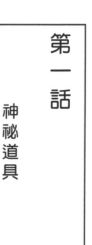

第一話

神祕道具

總覺得你的形狀很眼熟……

像什麼呢?

怎麼了?

?

是這個。

閃閃

是什麼呢?

太空船裡也有燈光在閃!跟那個有關係嗎?

咦

至少嗶聲和閃光都停止了,不過你的手臂可伸得真長……

唔嗯~還是想不起來。

快步走下

是什麼東西?

提起

不然，你也跟我聊聊你的事。

好～

對了，拿張椅子。

走動

請坐。

謝謝。

對了

……

我是來自於一個叫做雀躍行星的地方。我的名字叫做……奇怪？想不起來。

我來地球，是有個任務。為此還學習了好多地球知識。任務是……迫降時的撞擊力太大，害我忘記最重要的事了。只知道有個任務必須完成。

說不定這個箱子裡有什麼線索！

我看看這個要怎麼打開。

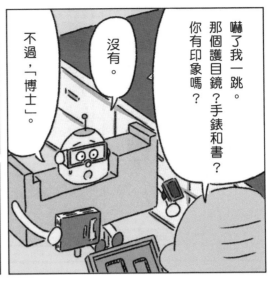

這三個元素是指，

咦～

氧、碳、氫

博士是……

聽好了。只要戴著護目鏡說出目標的名字，就能知道眼前的物體是由哪些代表性元素組成！

刺痛

構成我這個人的元素嗎？

好像是這樣……

這可真厲害！

我回想起一些記憶了。只要戴上護目鏡說出物體的名字，就能知道它所含的元素。

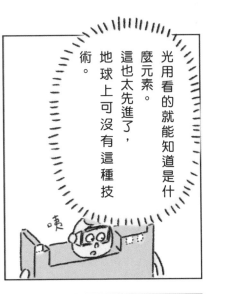

光用看的就能知道是什麼元素。這也太先進了，地球上可沒有這種技術。

身體出現文字……

登H 登C 登O

原來如此，我知道了。

一直覺得你的身體形狀似曾相識，原來是元素週期表。

週期表？

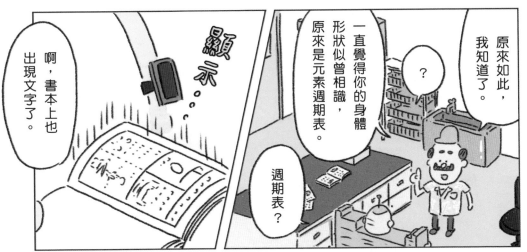

啊，書本上也出現文字了。

顯示……

可以借我看看嗎？

好的

唔嗯～果然只有那三個元素的頁面出現說明文字。

順序是依照原子序排列。

元素？週期表？原子序？這些是什麼來著，還是沒印象……

翻翻

但是其他頁面都是空白。

去地球完成這本書的內容！

找出元素，完成這本書的所有內容。好像就是我來地球的目的。

原來如此。

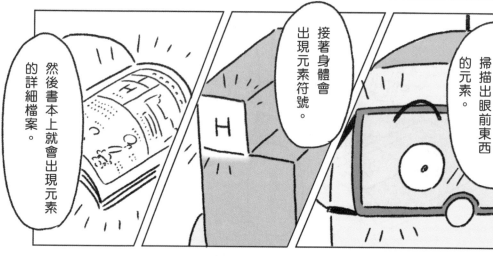

所以做法是先用護目鏡，掃描出眼前東西的元素。

接著身體會出現元素符號。

然後書本上就會出現元素的詳細檔案。

那手錶的功能是？

啊，這個嘛……

先按看看再說。

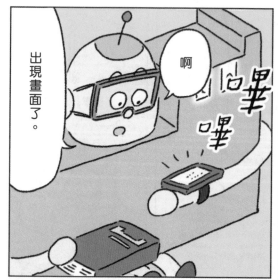

啊

出現畫面了。

任務進度 3/118
使用護目鏡，去尋找地球上的元素，完成書本的內容！

果然沒錯。

唔，任務……

選這個。

任務進度週期表

手錶有說任務內容！

我們推測得沒錯，我的任務就是找出全部元素，完成週期表。

要找出全部元素啊～恐怕有點難。

好！總算理出一些頭緒！拼了！

哎～不過，要找出全部……

啊，但是……

我完全想不起來元素的事，明明出發之前在雀躍行星學習過的。

如果這點你就不必擔心了，我可以教你。我最喜歡研究元素和週期表。你看，我連鬍子形狀都剃成週期表的形狀。

那就太感謝你了！務必請你多多指教！

好喔，但是今天時間也不早了。先休息一晚吧。

是！

週期表君的裝備解說

元素分析護目鏡

▶ 看著物體，說出名稱，就能知道它所含的元素。

週期表君的身體

▶ 只要找到元素，身體就會出現該元素的符號。一旦找齊118個元素就會………

元素電子百科

▶ 用護目鏡找出元素後，書本上就會出現元素的詳細檔案。

元素探測錶

▶ 除了顯示任務進度之外，也能查詢地球的旅遊資訊。

第二話
元素是什麼？

嗯？

睜眼

天亮了。

對了。

坐起

昨晚在博士家住了下來。

叩叩叩

喔～睡醒了嗎？週期表君。

啊，博士早安。

你叫我「週期表君」？

沒錯。

既然你忘記名字，不如就這麼叫你，如何？

這當然是沒問題，只是……

第二話
元素是什麼？

嗯？

睜眼

天亮了。

對了。

坐起

昨晚在博士家住了下來。

叩叩叩

喔～睡醒了嗎？週期表君。

啊，博士早安。

你叫我「週期表君」？

沒錯。

既然你忘記名字，不如就這麼叫你，如何？

這當然是沒問題，只是……

我連週期表是什麼都想不起來。

記憶⋯⋯

這樣子呀。

那在執行任務之前，我先教你元素和週期表是什麼吧。

麻煩你了。

事不宜遲，那就開始吧。

在介紹週期表君的任務目標「元素」之前，首先必須知道「原子」是什麼。

原子？聽起來跟元素有點像。

是的。正因為有點像，解釋起來才麻煩。

咳咳，那我們先來解釋原子。「原子」，是一種小到眼睛看不見，非常微小的粒子。

如果把這頂帽子、筆、白板，甚至是我本人，不斷分解再分解，直到無法再繼續細分的物質，就是「原子」。

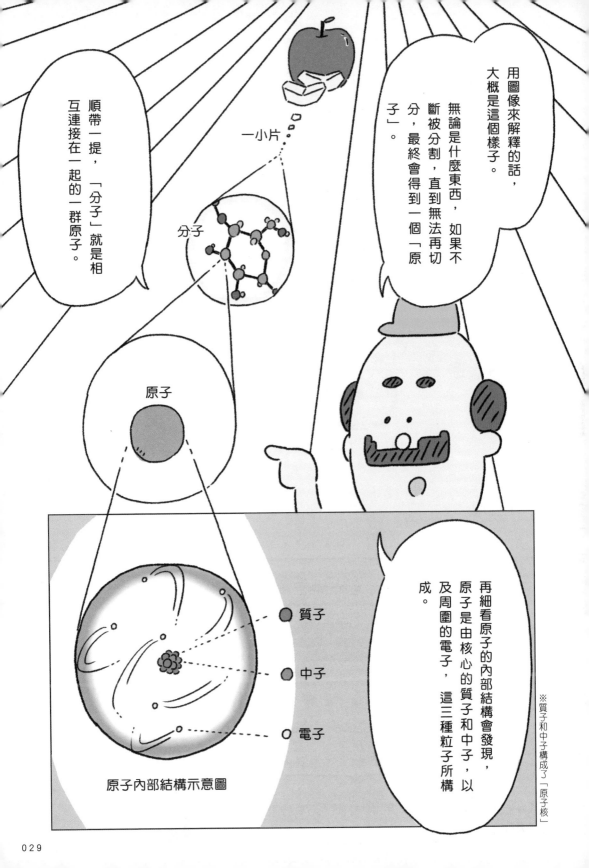

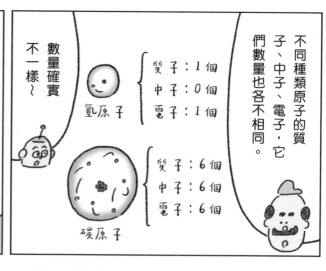

不同種類原子的質子、中子、電子，它們數量也各不相同。

數量確實不一樣～

氫原子
質子：1個
中子：0個
電子：1個

碳原子
質子：6個
中子：6個
電子：6個

沒錯，根據質子、中子、電子這三種數量不同，就組成了性質各異的原子。

其中最重要的，非「質子」莫屬了！

就像這個例子。

這三個原子的質子與電子數目相同，只有中子的數目不同。

質子：6個
中子：8個
電子：6個

質子：6個
中子：7個
電子：6個

質子：6個
中子：6個
電子：6個

這三種原子，雖然因為中子的數目不同，導致質量（輕重）不同。

但是，※化學性質卻幾乎完全一樣。

這是因為決定原子性質的「質子」數目相同的關係。

※與其他原子發生化學反應的難易程度等

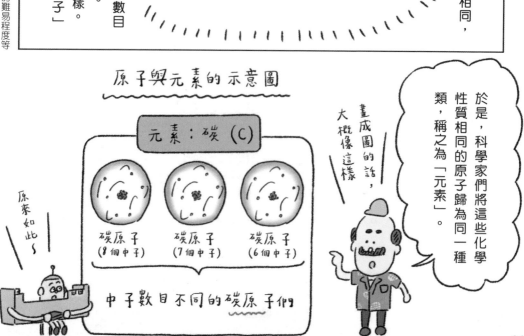

原子與元素的示意圖

元素：碳（C）

碳原子（8個中子）　碳原子（7個中子）　碳原子（6個中子）

中子數目不同的碳原子們

原來如此～

於是，科學家們將這些化學性質相同的原子歸為同一種類，稱之為「元素」。

畫成圖的話，大概像這樣

在科學家們努力研究下，目前已知的「元素」共有118種。

對，沒錯！

週期表君的任務內容，也寫著118種對吧？

那麼，這個數字又代表什麼？

6

啊～這個是分配給各元素的原子序，數字編號從1～118。

最值得一提的是，原子序正好等於剛才說的原子核質子數目。

哇，好神奇！

換句話說，碳原子有六個質子，所以碳的原子序數是「6」。

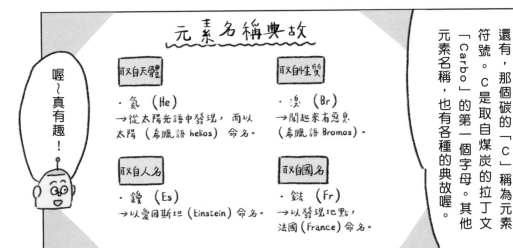

還有，那個碳的「C」稱為元素符號。C是取自煤炭的拉丁文「Carbo」的第一個字母。其他元素名稱，也有各種的典故喔。

喔～真有趣！

元素名稱典故

取自天體
- 氦（He）
→ 從太陽光譜中發現，而以太陽（希臘語 helios）命名。

取自性質
- 溴（Br）
→ 聞起來有惡臭（希臘語 Bromos）。

取自人名
- 鑀（Es）
→ 以愛因斯坦（Einstein）命名。

取自國名
- 鍅（Fr）
→ 以發現地點，法國（France）命名。

原子與元素的重點整理

原子是什麼？

原子是構成所有物質的基本粒子。
一個原子由質子、中子和電子組成。

元素是什麼？

具有相同質子數的同一類原子，
或這類原子的總稱。

範例解說：水（H_2O）

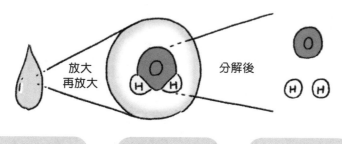

水　　　　分子　　　　原子

用「原子」描述水的組成

水是由 2 個氫原子和 1 個氧原子，共 3 個原子組合而成。

用「元素」描述水的組成

水是由氫與氧等 2 種元素所組成。

兩種說法都正確

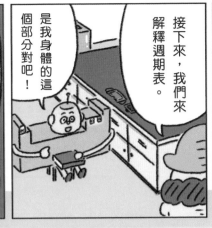

接下來，我們來解釋週期表。

是我身體的這個部分對吧！

是的。週期表是「元素」排列而成的表格，收納了所有已知元素，所以可以稱作「元素地圖」。

元素地圖？

將元素由輕至重排列後，發現元素的週期性！

碰到水會產生劇烈反應

碰到水會產生劇烈反應

碰到水會產生劇烈反應

| Li | Be | B | C | N | O | F | Ne | Na | Mg | Al | Si | P | S | Cl | Ar | K | Ca | Sc | Ti | V | Cr |

沒錯，其實元素有個非常有趣的特性。如果將元素依照原子序順序排列，每間隔一定週期，化學性質相似的元素就會重複出現。

按週期規律，將元素折疊

Li	Be	B	C	N	O	F	Ne
Na	Mg	Al	Si	P	S	Cl	Ar
K	Ca	Sc

→ 性質相似的元素排成一行了！

按照這個規律的週期，將元素折疊起來，化學性質相似的元素就會縱向排成一行，也就成為現在的週期表

原來才會叫做「週期表」呀！

沒錯！還是直接用看的比較快。

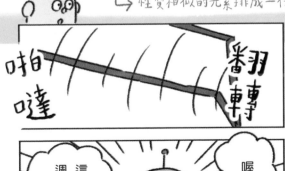

啪噠

翻轉

這就是週期表！

喔喔！

縱向元素（同族元素）具有相似的化學性質喔！

例

▶第1族元素（除了氫以外）稱為「鹼金屬族」，是質地柔軟的金屬，碰到水會產生劇烈反應。

▶第18族元素稱為「惰性氣體（鈍氣）」，是無色無味的氣體，性質穩定，很難與其他物質發生化學反應。

18族

| 2 He 氦 |

13族	**14**族	**15**族	**16**族	**17**族	
5 B 硼	6 C 碳	7 N 氮	8 O 氧	9 F 氟	10 Ne 氖
13 Al 鋁	14 Si 矽	15 P 磷	16 S 硫	17 Cl 氯	18 Ar 氬

9族	**10**族	**11**族	**12**族						
27 Co 鈷	28 Ni 鎳	29 Cu 銅	30 Zn 鋅	31 Ga 鎵	32 Ge 鍺	33 As 砷	34 Se 硒	35 Br 溴	36 Kr 氪
45 Rh 銠	46 Pd 鈀	47 Ag 銀	48 Cd 鎘	49 In 銦	50 Sn 錫	51 Sb 銻	52 Te 碲	53 I 碘	54 Xe 氙
77 Ir 銥	78 Pt 鉑	79 Au 金	80 Hg 汞	81 Tl 鉈	82 Pb 鉛	83 Bi 鉍	84 Po 釙	85 At 砈	86 Rn 氡
109 Mt 䥑	110 Ds 鐽	111 Rg 錀	112 Cn 鎶	113 Nh 鉨	114 Fl 鈇	115 Mc 鏌	116 Lv 鉝	117 Ts 础	118 Og 鿫

62 Sm 釤	63 Eu 銪	64 Gd 釓	65 Tb 鋱	66 Dy 鏑	67 Ho 鈥	68 Er 鉺	69 Tm 銩	70 Yb 鐿	71 Lu 鎦
94 Pu 鈽	95 Am 鋂	96 Cm 鋦	97 Bk 鉳	98 Cf 鉲	99 Es 鑀	100 Fm 鐨	101 Md 鍆	102 No 鍩	103 Lr 鐒

元素週期表

週期表的縱軸稱為「族」，
橫軸則稱為「週期」。
舉例來說，氧是「第16族第2週期」
的元素。就像這樣，即可快速找出元
素在週期表上的位置。

典型元素

第1、2族、第12～18族的元素稱為「典
型元素（又稱主族元素）」。典型元素
的同族元素在化學性質上非常相似。

過渡元素

第3～11族的元素稱為「過渡元素」。
過渡元素不僅縱向的同族元素性質相
似，連橫向元素的性質也很像。

1 族

	1 族	2 族	3 族	4 族	5 族	6 族	7 族	8 族
1 週期	1 H 氫							
2 週期	3 Li 鋰	4 Be 鈹						
3 週期	11 Na 鈉	12 Mg 鎂						
4 週期	19 K 鉀	20 Ca 鈣	21 Sc 鈧	22 Ti 鈦	23 V 釩	24 Cr 鉻	25 Mn 錳	26 Fe 鐵
5 週期	37 Rb 銣	38 Sr 鍶	39 Y 釔	40 Zr 鋯	41 Nb 鈮	42 Mo 鉬	43 Tc 鎝	44 Ru 釕
6 週期	55 Cs 銫	56 Ba 鋇	57~71 鑭系元素	72 Hf 鉿	73 Ta 鉭	74 W 鎢	75 Re 錸	76 Os 鋨
7 週期	87 Fr 鍅	88 Ra 鐳	89~103 錒系元素	104 Rf 鑪	105 Db 𨧀	106 Sg 𨭎	107 Bh 𨨏	108 Hs 𨭆

原子序 ········· 6
元素符號 ········· C
元素名稱 ········· 碳

57 La 鑭	58 Ce 鈰	59 Pr 鐠	60 Nd 釹	61 Pm 鉕
89 Ac 錒	90 Th 釷	91 Pa 鏷	92 U 鈾	93 Np 錼

※「？」右邊的數字代表原子量（簡單說就是重量）

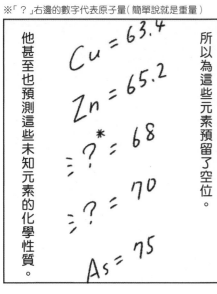

與我們密不可分的元素

第四話

構成人體的元素

準備好了！來把元素一一找出來吧！

戴上

對了，還沒說到週期表君看著我時發現的元素呢！

真的耶，昨天才說到一半。

移開

追根究柢說起來，昨天你看著我時，會跑出氧（O）、碳（C）、氫（H），是因為戴著護目鏡，就能知道眼前的物體有哪些主要元素對吧？

主要元素……

人類
（新波博志）
元素分析結果
・氧（O）
・碳（C）
・氫（H）

叮咚
叮咚

?

沒錯！構成人體的化學元素其實有很多種。

而其中，氧、碳、氫這三個元素就占了大部分。

我們一個一個來看。

好！

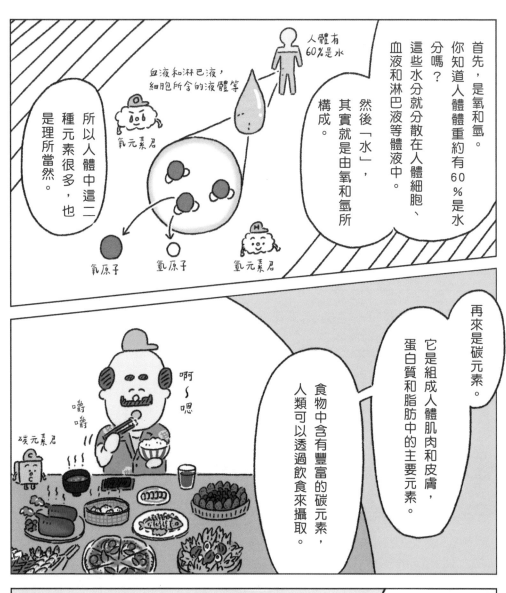

首先，是氧和氫。

你知道人體體重約有60%是水分嗎？

這些水分就分散在人體細胞、血液和淋巴液等體液中。

然後「水」，其實就是由氧和氫所構成。

人體有60%是水

血液和淋巴液，細胞所含的液體等

氧元素君

氧原子　氫原子　氫元素君

所以人體中這二種元素很多，也是理所當然。

再來是碳元素。

它是組成人體肌肉和皮膚，蛋白質和脂肪中的主要元素。

食物中含有豐富的碳元素，人類可以透過飲食來攝取。

碳元素君

啊～嗯

嚼嚼

順帶一提，不只是人類，在其他動物及植物體內，氧、碳、氫這三個元素也是含量豐富。

所以對生物來說，是必需的元素呢～

041

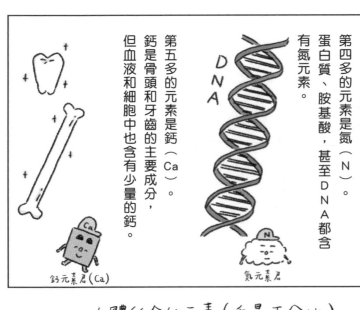

第四多的元素是氮（N）。

蛋白質、胺基酸，甚至DNA都含有氮元素。

第五多的元素是鈣（Ca）。

鈣是骨頭和牙齒的主要成分，但血液和細胞中也含有少量的鈣。

鈣元素君(Ca)

氮元素君

也趁機會一起介紹人體含量第四和第五多的元素。

人體所含的元素（重量百分比）

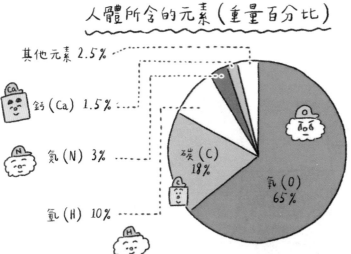

其他元素 2.5%

鈣（Ca） 1.5%

氮（N） 3%

氫（H） 10%

碳（C） 18%

氧（O） 65%

介紹完人體前五多的元素，如果將各元素的重量百分比畫成圖表的話。

雖然「其他元素」比例很低，但是這些少量元素和微量元素，也是維持人體運作不可或缺的元素。

少量元素、微量元素…

是啊。光是前三名就佔了93％。

原來如此，畫成圖表後就好清楚，前三名就佔了大部分呢！

例如，「硫（S）」元素雖然在人體中只佔0.25%，卻是構成頭髮和指甲的重要成分。

如果人體缺乏硫元素，頭髮和指甲就會變得脆弱、容易剝落。

還有，在人體中只佔了0.25%的鉀（K），以及0.15%的鈉（Na），卻是維持肌肉和神經正常機能不可或缺的重要元素。

鉀元素君
K

鈉元素君
Na

硫元素君
S

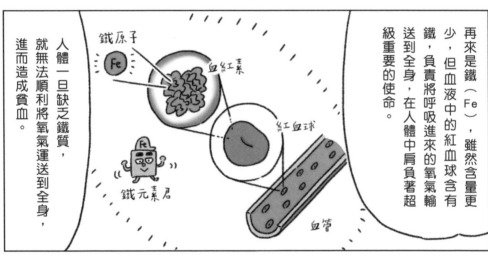

再來是鐵（Fe），雖然含量更少，但血液中的紅血球含有鐵，負責將呼吸進來的氧氣輸送到全身，在人體中肩負著超級重要的使命。

人體一旦缺乏鐵質，就無法順利將氧氣運送到全身，進而造成貧血。

鐵原子
Fe

血紅素

紅血球

鐵元素君
Fe

血管

所以吃飯的時候不可挑食，才能攝取足夠營養。

知道了嗎？

其實……我不需要吃飯。

……真不愧是外星人

因此，人類必須依賴各種元素，才得以維持生命。

謝謝你們～

043

人體組成元素整理表

分類	元素名稱 （元素符號）	體重60公斤中所 含的量（比例）	存在位置
多量元素	氧（O）	39公斤（65%）	水分、蛋白質、脂肪等
	碳（C）	11公斤（18%）	蛋白質、脂肪、DNA等
	氫（H）	6公斤（10%）	水分、蛋白質、脂肪等
	氮（N）	1.8公斤（3%）	蛋白質、DNA等
	鈣（Ca）	900克（1.5%）	骨骼、牙齒、血液等
	磷（P）	600克（1%）	骨骼、牙齒、DNA等
少量元素	硫（S）	150克（0.25%）	毛髮、指甲、皮膚等
	鉀（K）	120克（0.2%）	肌細胞等
	鈉（Na）	90克（0.15%）	血液、細胞外液等
	氯（Cl）	90克（0.15%）	血液、胃酸等
	鎂（Mg）	30克（0.05%）	骨骼、肌肉等
微量元素	鐵（Fe）	5.1克	血液、骨髓、肝臟等
	氟（F）	2.6克	牙齒、骨骼等
	矽（Si）	1.7克	皮膚、指甲、毛髮、骨骼等
	鋅（Zn）	1.7克	眼睛、精子、毛髮等
	錳（Mn）	86毫克	血液、蛋白質等
	銅（Cu）	68毫克	肝臟、骨髓等

（微量元素僅列舉人體不可或缺的必需元素）

 博士的知識補充小教室

依據元素在人體中含量的多寡（每公克體重的含量），可分為「多量元素」、「少量元素」、「微量元素」等類別。

還有比「微量元素」含量更少的「超微量元素」喔！

硒元素君　碘元素君

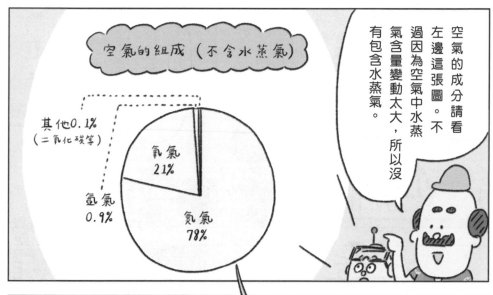

空氣的組成（不含水蒸氣）

其他0.1%
（二氧化碳等）

氧氣
21%

氬氣
0.9%

氮氣
78%

空氣的成分請看左邊這張圖。不過因為空氣中水蒸氣含量變動太大，所以沒有包含水蒸氣。

沒錯。人類的身體可是很厲害的！

意思就是說，人體可以從吸入的空氣中，只吸取氧氣對吧！

吸

肺

最重要的成分非氧氣莫屬。人類透過呼吸，將氧氣吸入體內，再將二氧化碳吐出體外

總而言之，「氧」對人體或地球而言，都是非常重要的元素喔！

吐

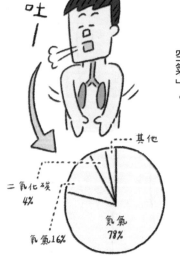

其他

二氧化碳
4%

氮氣
78%

氧氣16%

不過這個說法不太精確，實際上我們吐出的是「二氧化碳比例增加的空氣」。

046

地球的元素

地球內部大致分為「地殼」、「地函」、「地核」等3層。

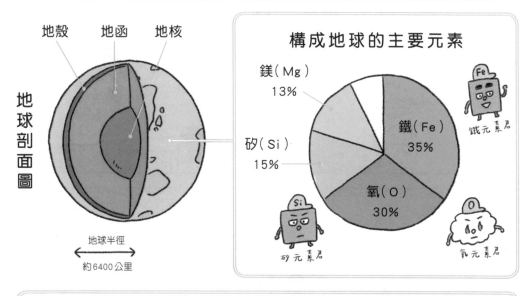

地球剖面圖

地殼　地函　地核

地球半徑
約6400公里

構成地球的主要元素

鎂（Mg）
13%

矽（Si）
15%

鐵（Fe）
35%

氧（O）
30%

鐵元素君

矽元素君

氧元素君

地殼

大陸地殼較厚，厚度約30~40公里，
海洋地殼較薄，厚度約5公里。

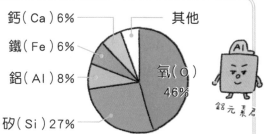

鈣（Ca）6%
鐵（Fe）6%
鋁（Al）8%
矽（Si）27%

氧（O）
46%

其他

鋁元素君

構成地殼的元素

地核

地球的核心，
厚度約3500公里。

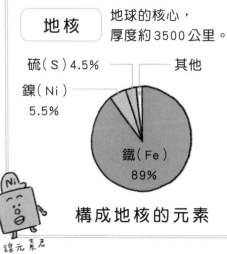

硫（S）4.5%
鎳（Ni）
5.5%

其他

鐵（Fe）
89%

鎳元素君

構成地核的元素

地函

約占地球總體積的80%，
厚度約2900公里。

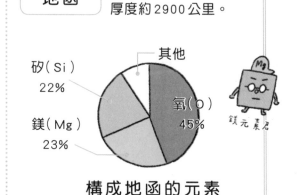

矽（Si）
22%

鎂（Mg）
23%

氧（O）
45%

其他

鎂元素君

構成地函的元素

不過，「氧」給人的印象都是氣體，但地殼中卻有很多氧，是地底下有氣體嗎？

喔～你問到重點了！

雖然都叫做「氧」，但存在的形式卻完全不同。

存在的形式不同？

舉例來說，空氣中的氧氣，是二個相互鍵結的氧原子所組成的物質。像這樣只由單一種元素組成的物質，就稱為「元素單質」。

而地殼中的「氧」大多會與「矽（Si）」結合，以「二氧化矽」的狀態存在地殼中。像這樣由二種以上元素組成的物質，則稱為「化合物」。

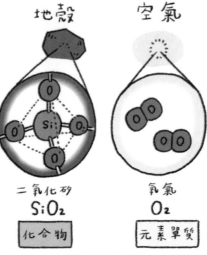

地殼

空氣

二氧化矽
SiO_2
化合物

氧氣
O_2
元素單質

所以，跟不同的元素結合，也會改變元素的狀態和性質。

原來如此，我明白了。

然後，每種元素發生化學反應的難易程度都不同。簡單說，就是原子間是否容易互相結合。

例如，空氣中的氫氣就……

唔～氫元素、氫元素……

快速翻閱

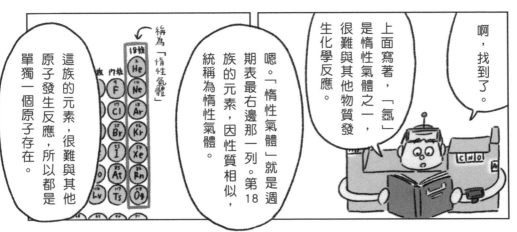

啊，找到了。

上面寫著，「氫」是惰性氣體之一，很難與其他物質發生化學反應。

嗯。「惰性氣體」就是週期表最右邊那一列。第18族的元素，因性質相似，統稱為惰性氣體。

稱為「惰性氣體」

這族的元素，很難與其他原子發生反應，所以都是單獨一個原子存在。

同為空氣成分的氮氣和氧氣，都是二個原子存在。相較之下，氫氣卻是單獨一個原子存在。

總是孤零零一個原子呀！

因為它實在是太沒有反應了，導致全世界的化學家一直沒有發現它。

後來費了一番功夫，總算發現了，卻因為它難以反應的特性，而被人以希臘語的「懶惰蟲」來命名。

順帶一提，第三個被發現的惰性氣體是氖（Ne），但它的名字來自於希臘語「neos（新的）」。

平平都是惰性氣體，這名字的落差也太大。

我也這麼覺得，哈哈。

第六話 家中的元素

你來地球之前，有先做過研究？

是啊，所以我知道各種東西的名稱。這部分的記憶都還在……

所以你真的只把元素的事情給忘了。

目前狀況，似乎是這樣。

好，那我們就從元素最多的廚房開始看起吧。

好！

我看看，就從這個「流理臺」開始。

出現了。

是鐵（Fe）、鉻（Cr）、鎳（Ni）！

Ni 登 Cr 登 Fe 登

在鐵中摻入鉻和鎳後，就有防止生鏽的效果喔。

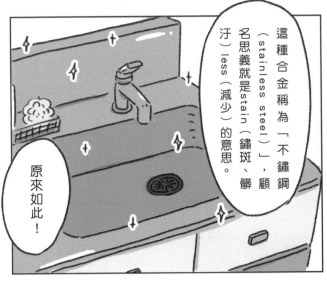

這種合金稱為「不鏽鋼（stainless steel）」，顧名思義就是stain（鏽斑、髒汙）less（減少）的意思。

原來如此！

博士的知識補充小教室

「鐵」廣泛運用在製造建築物或交通工具上。鐵的生產量高居全國第一，遙遙領先其他金屬。

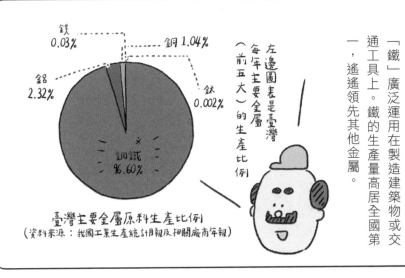

左邊圖表是臺灣每年主要金屬（前五大）的生產比例

鎂 0.03%
銅 1.04%
鋁 2.32%
鈦 0.002%
鋼鐵 96.60%

臺灣主要金屬原料生產比例
（資料來源：我國工業生產統計月報及相關廠商年報）

※財團法人金屬工業研究發展中心協助諮詢。

也請讓我看看廚房裡的其他東西！

加油～

我瞧瞧「鹽」是……

這裡的「保鮮膜」是……

咻咻咻

螢光燈（日光燈）

- 汞（Hg）
- 氬（Ar）

▶ 透過放電使燈管內的水銀蒸氣發出紫外線，燈管內壁的螢光物質在吸收紫外線後發出光芒。

蛋殼

- 鈣（Ca）
- 碳（C）
- 氧（O）

鋼絲絨

- 鐵（Fe）

豆腐

- 碳（C）
- 氧（O）
- 鎂（Mg）

▶ 製作豆腐的凝固劑（鹽滷）含有鎂。

鐵罐

- 鐵（Fe）

鋁罐

- 鋁（Al）
- 鎂（Mg）

▶ 在鋁中添加鎂，可提升鋁的強度。

平底鍋

- 鋁（Al）
- 鎂（Mg）
- 氟（F）

▶ 鍋子表面的含氟塗層，使食材不會沾黏在鍋底。

▶汞：P170　▶鈣：P134　▶鎂：P129　▶氟：P128

廚房物品的主要化學元素

鹽

- 鈉（Na）
- 氯（Cl）

保鮮膜

- 碳（C）　· 氫（H）　· 氯（Cl）

流理臺

- 鐵（Fe）
- 鉻（Cr）
- 鎳（Ni）

海苔

- 碳（C）
- 氧（O）
- 鋅（Zn）

乾燥劑

- 矽（Si）
- 鈷（Co）

▶ 可從鈷的顏色變化來判斷乾燥劑的吸水量。

陶瓷刀

- 鋁（Al）
- 鋯（Zr）

▶ 添加鋯可提升刀具硬度。

★ 找找看，畫面中有5個元素角色躲起來囉！
　　→答案在第182頁

我喜歡用燒杯喝咖啡，所以才放在廚房裡。

當然，跟實驗用的有分開放喔。

出現了！

叮咚叮咚

啊！是燒杯。

這邊的東西是……

燒杯上面寫……燒杯括號硼矽酸玻璃括號

燒杯
（硼矽酸玻璃）

元素分析結果
・矽（Si）
・氧（O）
・硼（B）

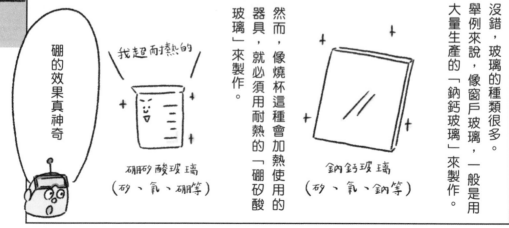

沒錯，玻璃的種類很多。

舉例來說，像窗戶玻璃，一般是用大量生產的「鈉鈣玻璃」來製作。

鈉鈣玻璃
（矽、氧、鈉等）

然而，像燒杯這種會加熱使用的器具，就必須用耐熱的「硼矽酸玻璃」來製作。

硼矽酸玻璃
（矽、氧、硼等）

我超耐熱的

硼的效果真神奇

原來如此。這三個元素的確缺一不可。

偵測出來的元素是，鎂（Mg）、矽（Si）、鋰（Li）

啊

這裡有「電腦」

首先，鎂這種金屬，又輕又堅固耐用，適合做電腦外殼。

然後是矽，矽的導電性可透過電流控制，電腦的積體電路正是運用這種導電特性。

再來是鋰，電腦裡的鋰電池，是一種體積小、性能佳的「鋰離子電池」。

博士，我也可以看看這個房間嗎？

當然可以囉。

謝謝你！

我在這裡休息一下，你就隨便看看吧。

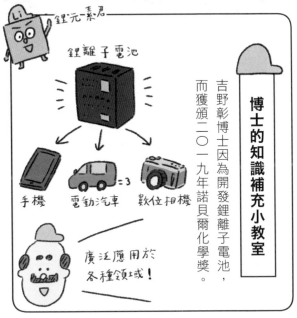

鋰元素君

鋰離子電池

手機　電動汽車　數位相機

廣泛應用於各種領域！

博士的知識補充小教室

吉野彰博士因為開發鋰離子電池，而獲頒二〇一九年諾貝爾化學獎。

廁所、洗手台常見物品的主要化學元素

白熾燈

- 氪(Kr)
- 鎢(W)
- 鉬(Mo)

牙膏

- 矽(Si)
- 碳(C)
- 氟(F)

▶氟在牙齒表面形成保護層，預防蛀牙發生。

鏡子

- 矽(Si)
- 氧(O)
- 銀(Ag)

▶玻璃背面鍍上一層銀。

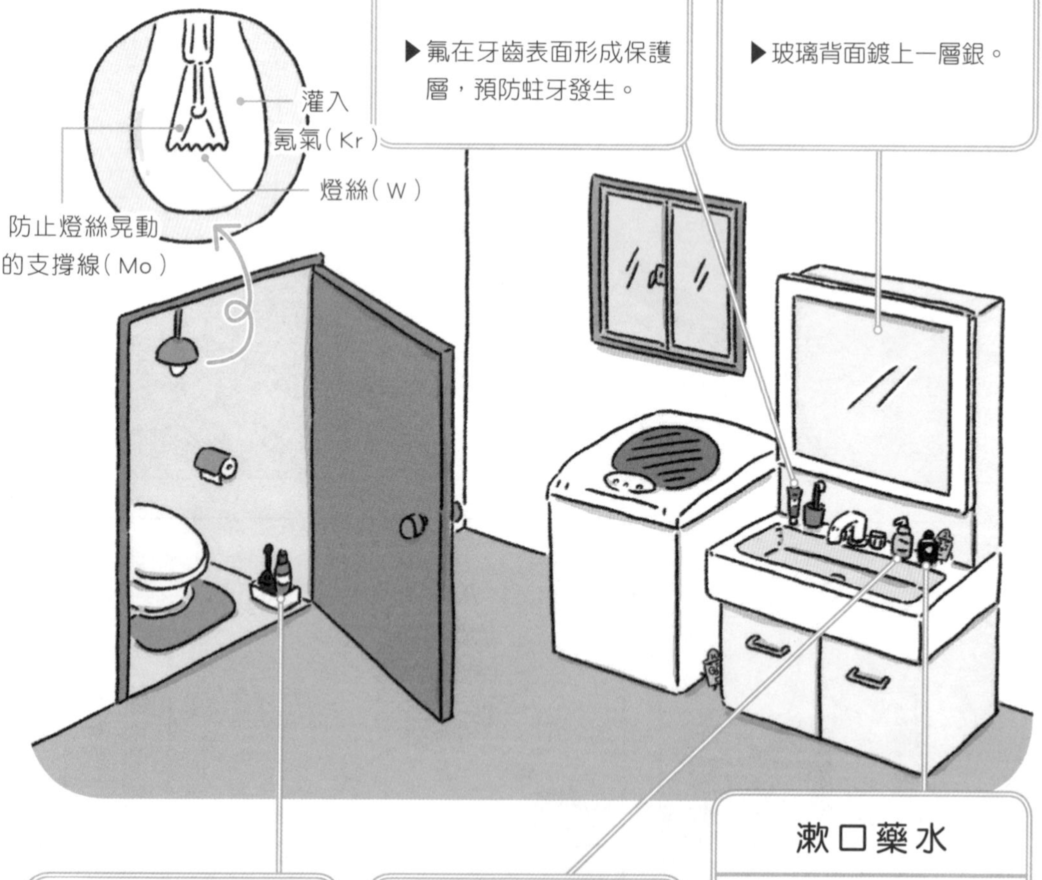

灌入
氪氣(Kr)
燈絲(W)
防止燈絲晃動
的支撐線(Mo)

漱口藥水

- 碳(C)
- 碘(I)

▶利用碘的殺菌力，達到口腔殺菌效果。

含氯馬桶清潔劑

- 碳(C)
- 氯(Cl)
- 鈉(Na)

泡沫洗手乳

- 碳(C)
- 氫(H)
- 鉀(K)

元素圖鑑 ▶氪：P145 ▶鎢：P165 ▶鉬：P148 ▶銀：P151 ▶鉀：P134 ▶碘：P154

起居室常見物品的主要化學元素

乾電池

- 錳（Mn）　• 鋅（Zn）　• 氧（O）

▶碳鋅電池和鹼性電池，兩者的主要化學元素類似。

書櫃（木製）

- 碳（C）
- 氫（H）
- 氧（O）

液晶顯示器

- 氧（O）
- 錫（Sn）
- 銦（In）

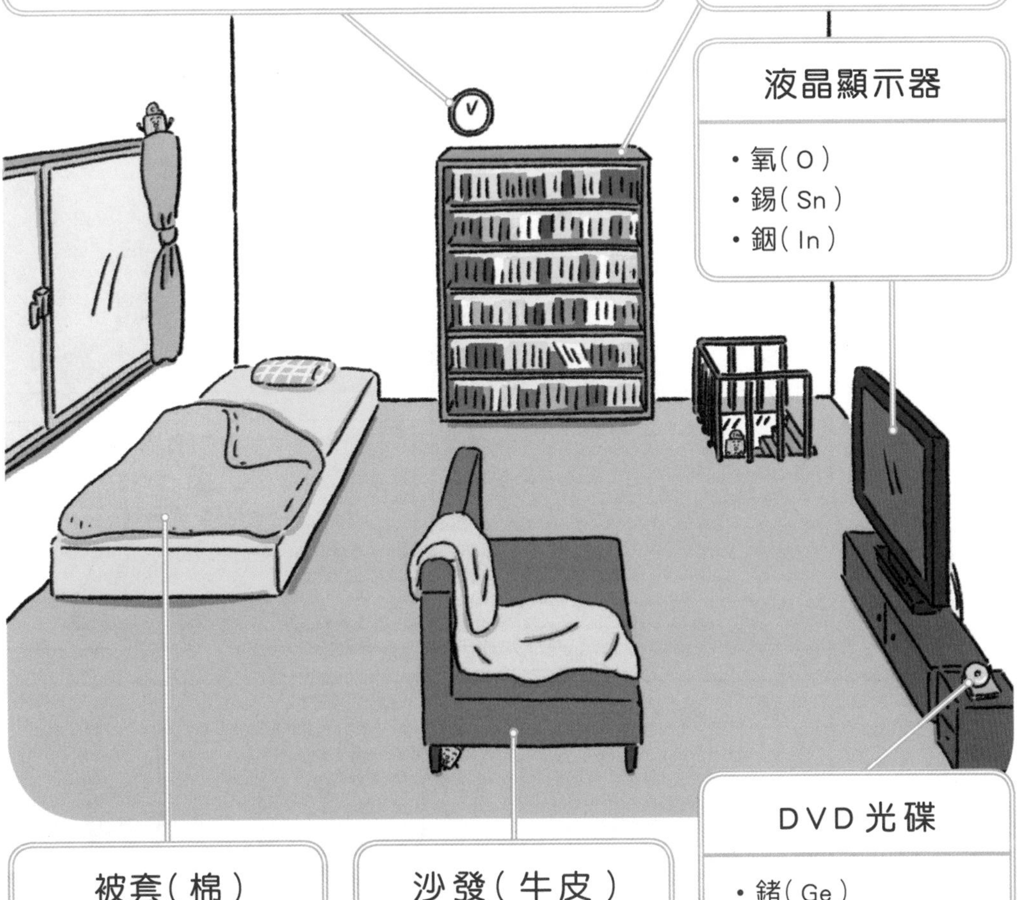

被套（棉）

- 碳（C）
- 氫（H）
- 氧（O）

沙發（牛皮）

- 碳（C）
- 氫（H）
- 氧（O）

DVD 光碟

- 鍺（Ge）
- 碲（Te）
- 銻（Sb）

▶DVD記錄層的鍍膜材料
為鍺銻碲合金。

★找找看，畫面中有5個元素角色躲起來囉！　→答案在第182頁

第七話
彈出來的週期表？

博士

我找到了好多種元素～

抱歉抱歉，不小心睡著了。

嗯？

咖休

週期表的元素增加了不少。

掉出

博士，有東西掉出來了。

啊，口袋掉出的零錢。

喔郎

喔郎

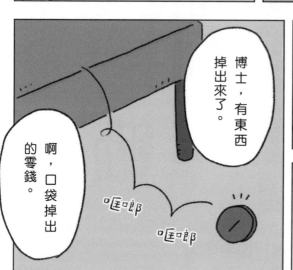

對了，也該看看硬幣。

硬幣的材質包含了不少元素。

來，這個給你。

謝謝博士。

我看看。

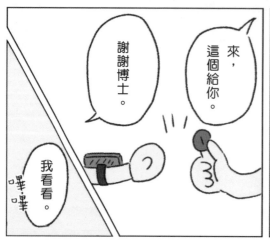

058

硬幣所含的化學元素

為了方便加工及防止生鏽，硬幣都是用銅合金打造（合金：某種金屬中加入了其他元素）

5角
- 銅（Cu）97%
- 鋅（Zn）2.5%
- 錫（Sn）0.5%

1元
- 銅（Cu）92%
- 鎳（Ni）6%
- 鋁（Al）2%

5元
- 銅（Cu）75%
- 鎳（Ni）25%

10元
- 銅（Cu）75%
- 鎳（Ni）25%

20元
外環
- 銅（Cu）92%
- 鋁（Al）6%
- 鎳（Ni）2%

內餅
- 銅（Cu）75%
- 鎳（Ni）25%

50元
- 銅（Cu）92%
- 鋁（Al）6%
- 鎳（Ni）2%

每一種銅合金都有自己的名字喔。
銅和鋅的合金稱為黃銅
銅和錫的合金稱為青銅
銅和鎳的合金稱為白銅

059　元素圖鑑　▶銅：P140

？

找到了。

剛好天色變暗，我們出去外面吧。

我記得這裡有……

對了。

沒想到，硬幣的學問也不少！

要放煙火，好期待喔！

煙火也用到不少化學元素，來放放看吧！

口波

嘶嘶嘶

口察

煙火的化學元素

鈉的化合物在燃燒時，會發出獨特的火焰顏色，這個現象稱為「焰色反應」。除了鈉之外，還有很多種元素都有焰色反應。煙火便是利用這個原理製成。

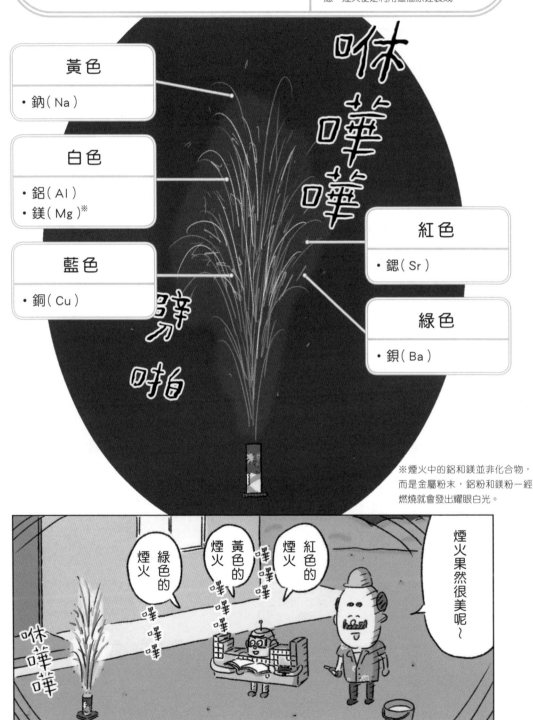

黃色
- 鈉（Na）

白色
- 鋁（Al）
- 鎂（Mg）※

藍色
- 銅（Cu）

紅色
- 鍶（Sr）

綠色
- 鋇（Ba）

※煙火中的鋁和鎂並非化合物，而是金屬粉末，鋁粉和鎂粉一經燃燒就會發出耀眼白光。

元素圖鑑　▶鍶：P146　▶鋇：P156

這裡又找到二個新元素。

真是太好了。

煙火沒有了。

咻嗚～

那我們進屋子裡吧。

我順便收一下信。

喀達

啊～對了。

我們在家裡做個簡單的實驗吧。

做實驗？

好，準備完成！實驗需要的東西都在這裡了。

桌上右邊那個是……

這個叫「黑光燈」，是一種可以發出紫外線的燈。

像這樣。

咔嗒

好！

是「明信片的隱形墨水」。

你戴上護目鏡看看。

這張明信片的地址是用隱形墨水印的。

咔嚓

哇！

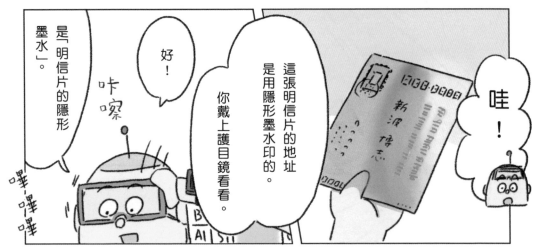

?

嗡嗡

嗡嗡

沒錯。說到這個銪元素……

分析出來的元素是銪（Eu）。

元素圖鑑　▶銪：P159

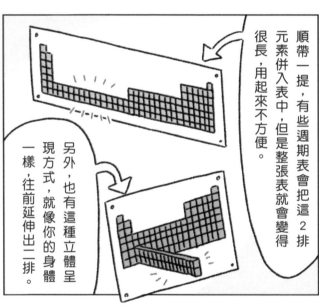

原來，
只要「長按右耳」
就能收回去。

在手錶內的
「使用說明」
找到答案了。

戶外的元素

今天我們到鎮上逛逛吧。

好！

不過我住的地方很偏僻，離鎮上有點遠。

我打算騎腳踏車過去，可是只有一台車。

我可以用跑的，沒問題的！

用跑的？可以嗎？

週期表君，你知道路嗎？

那我們出發……

Go

路！

三十分鐘後

呼～到了。

那我們馬上開始。

就從這些「葉子」開始。

元素是碳（C）、氮（N）、鎂（Mg）

大和公園

※是植物吸收陽光，自行製造養分的過程。

葉子裡有「葉綠素」，是植物行光合作用※的必需物質。葉綠素裡面就含有「鎂」喔！

你再看看土裡的肥料。

測出來的元素是，氮（N）、鉀（K）、磷（P）。

那個白色東西就是「肥料」對吧？

磷是第一次看到的元素耶。

是啊，磷、氮、鉀稱為「肥料三要素」，是植物生長過程中不可或缺的元素。

原來植物也有不能缺少的元素。

嗯？

啊

「氣球」！

從哪裡飛過來的？

測出來是氦（He）。

沒錯，「氦」是繼氫（H）之後，第二輕的元素。而且它不像氫氣那麼容易爆炸，所以常用氦氣充氣球。

博士的知識補充小教室

有變聲效果的整人氦氣瓶，為了使用安全有加入氧氣。而用來充氣球的氦氣，則是百分之百的純氦氣，吸入會窒息，導致生命危險！

充氣用
氦氣瓶

★找找看，畫面躲著5個元素角色！
→答案在第183頁

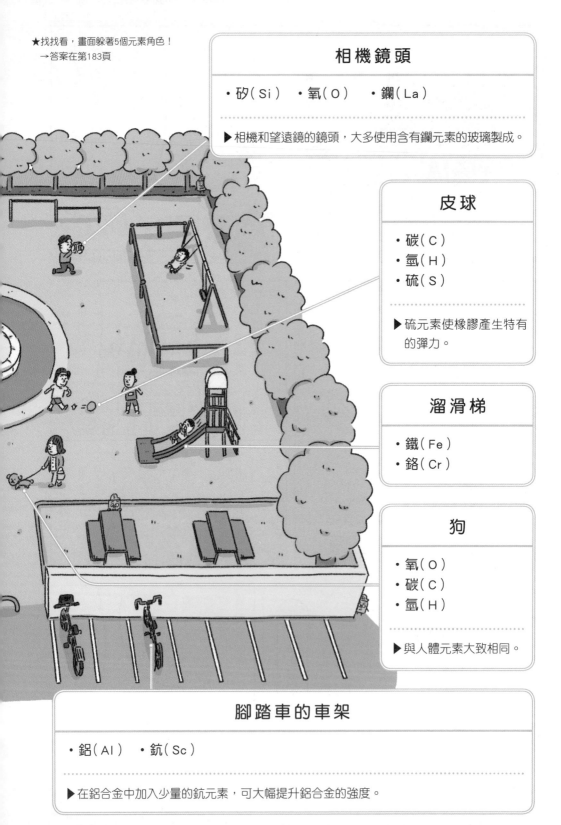

相機鏡頭

・矽（Si）　・氧（O）　・鑭（La）

▶相機和望遠鏡的鏡頭，大多使用含有鑭元素的玻璃製成。

皮球

・碳（C）
・氫（H）
・硫（S）

▶硫元素使橡膠產生特有的彈力。

溜滑梯

・鐵（Fe）
・鉻（Cr）

狗

・氧（O）
・碳（C）
・氫（H）

▶與人體元素大致相同。

腳踏車的車架

・鋁（Al）　・鈧（Sc）

▶在鋁合金中加入少量的鈧元素，可大幅提升鋁合金的強度。

公園常見物品的主要化學元素

沙子

- 矽（Si）
- 氧（O）

▶沙子和石頭的主成分，由這2種元素構成。

氣球

- 氦（He）

肥料

- 氮（N）
- 鉀（K）
- 磷（P）

葉子

- 碳（C）
- 氮（N）
- 鎂（Mg）

金屬球棒

- 鋁（Al）　・銅（Cu）　・鎂（Mg）

▶在鋁中加入少量銅、鎂，可製成輕巧又強韌的鋁合金，這種合金稱為「杜拉鋁」。

嗯～那個地方雖然我也不太熟，但應該可以找到滿多種元素的。

接下來要去哪裡呢？

公園也看得差不多了，我們走吧。

好～

先在這裡過馬路吧。

喔喔～是施工的聲音。

軋軋軋軋 咷！咷！

咚咚咚 軋軋軋

機會難得，去看看工地有什麼元素吧。

走動 走動 走動

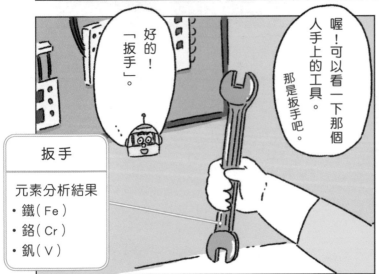

喔！可以看一下那個人手上的工具。那是扳手吧。

好的！「扳手」。

扳手

元素分析結果

・鐵（Fe）
・鉻（Cr）
・釩（V）

第九話
街上的元素

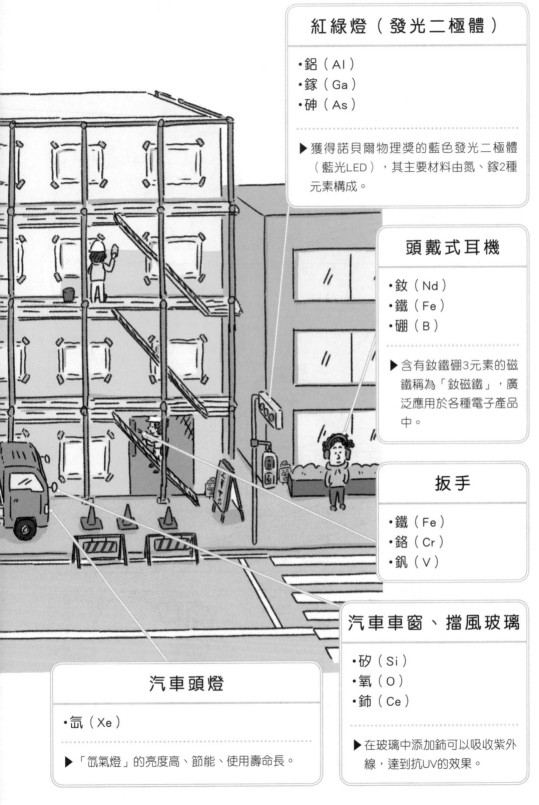

紅綠燈（發光二極體）

- 鋁（Al）
- 鎵（Ga）
- 砷（As）

▶ 獲得諾貝爾物理獎的藍色發光二極體（藍光LED），其主要材料由氮、鎵2種元素構成。

頭戴式耳機

- 釹（Nd）
- 鐵（Fe）
- 硼（B）

▶ 含有釹鐵硼3元素的磁鐵稱為「釹磁鐵」，廣泛應用於各種電子產品中。

扳手

- 鐵（Fe）
- 鉻（Cr）
- 釩（V）

汽車車窗、擋風玻璃

- 矽（Si）
- 氧（O）
- 鈰（Ce）

▶ 在玻璃中添加鈰可以吸收紫外線，達到抗UV的效果。

汽車頭燈

- 氙（Xe）

▶「氙氣燈」的亮度高、節能、使用壽命長。

▶鎵：P141　▶砷：P143　▶釹：P158　▶鈰：P157　▶氙：P155

工地、街上常見物品的主要化學元素

焊接護目鏡

- 矽（Si）
- 氧（O）
- 鐠（Pr）

▶在玻璃中混入鐠，可使玻璃變成藍色，達到濾光效果，保護眼睛不受強光傷害。

鋼筋

- 鐵（Fe）
- 錳（Mn）
- 碳（C）

輪胎

- 碳（C）
- 氫（H）
- 硫（S）

★找找看，畫面躲著5個元素角色！
→答案在第183頁

水泥

- 鈣（Ca）　　矽（Si）　　鋁（Al）

▶水泥與水及沙礫混合後凝固硬化，形成混凝土。

第十話
商店裡的元素

就是這裡。

好壯觀的建築物！

哇！

這個購物中心集合各種商店，應該可以找到不少新元素。

好期待喔！

裡面也好寬敞！希望可以發現更多元素。

好！我們走吧！

我也是第一次來呢。

開啟

腳踏車先停在停車場。

這家是文具店。

你可以看一下鋼筆筆尖前端的「銥粒」。

好。

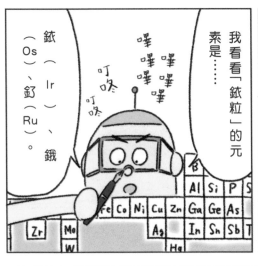

我看看「銥粒」的元素是……

銥（Ir）、鋨（Os）、釕（Ru）。

「銥粒」是鋼筆書寫時接觸紙張的部位，所以必須堅硬又耐磨。

因此，才會在筆尖的前端，另外焊上一小塊材質堅硬的金屬。

你看，銥粒的顏色稍微有點不同對吧？

銥粒

筆尖

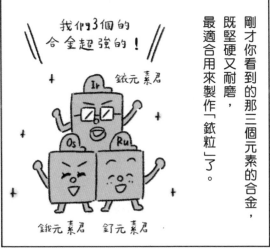

剛才你看到的那三個元素的合金，既堅硬又耐磨，最適合用來製作「銥粒」了。

我們3個的合金超強的！

銥元素君　Ir

鋨元素君　Os

釕元素君　Ru

差不多這樣，再把這裡的店逛一圈吧。

好。

077　　元素圖鑑　▶銥：P167　▶鋨：P167　▶釕：P149

鎘黃顏料

- 鎘（Cd）
- 硒（Se）
- 硫（S）

▶ 鎘對人體有毒，因此鎘黃顏料的背面印有「毒性物質標示」。

鋼筆（筆尖的前端）

- 銥（Ir）
- 鋨（Os）
- 釕（Ru）

▶ 這3種元素的合金既堅硬又耐磨。

鉛筆的筆芯

- 碳（C）
- 矽（Si）
- 氧（O）

▶ 筆芯的主成分「石墨」由單一種元素「碳」構成（其餘成分為黏土）。

薩克斯風

- 銅（Cu） · 鋅（Zn）

電吉他

- 釤（Sm）
- 鈷（Co）

▶ 有些電吉他的拾音器（將琴弦的振動轉化為電訊號的零件），使用了含有釤及鈷元素的磁鐵。

木吉他的琴弦

- 銅（Cu）
- 錫（Sn）

▶鎘：P152　▶硒：P144　▶釤：P159

商店內物品的主要化學元素

防曬乳

- 氧（O） ・鈦（Ti） ・鋅（Zn）

▶ 這些元素所調配的成分，有反射紫外線的效果。

止汗噴霧

- 銀（Ag） ・鋁（Al） ・鉀（K）

▶ 成分中的銀具有殺菌作用，鋁和鉀則有抑制排汗的作用。

眼藥水（紅色）

- 碳（C）
- 氮（N）
- 鈷（Co）

▶ 這些是有效成分「維生素B_{12}」的構成元素，也是眼藥水呈現紅色的原因。

銀戒指

- 銀（Ag） ・銅（Cu） ・銠（Rh）

▶ 在銀中摻入銅，可使銀戒更加堅固耐用。戒指的銀白色表面，則是鍍上了一層銠金屬。

玫瑰金戒指

- 金（Au） ・銅（Cu） ・鈀（Pd）

▶ 黃金中加入銅和鈀，混合銅的紅色及鈀的白色，最終呈現粉紅色澤。

鉑金戒指

- 鉑（Pt）
- 鈀（Pd）

祖母綠

- 鈹（Be） ・鋁（Al） ・鉻（Cr）

鑽石

元素分析結果
・碳（C）

分析出來的元素是「碳」。

成分只有單一種元素「碳」，還滿少見的耶！

博士，「鑽石」好美喔～

真的很美呢～

機器人？

原子的排列方式？

是啊，就算成分都是碳，只要「原子的排列方式」不同，物體的外觀和性質也會不同。

咦？可是，鑽石和鉛筆芯，明明長得完全不一樣呀。

其實鉛筆芯的成分「石墨」，也是只由碳組成的喔！

歡迎光臨～

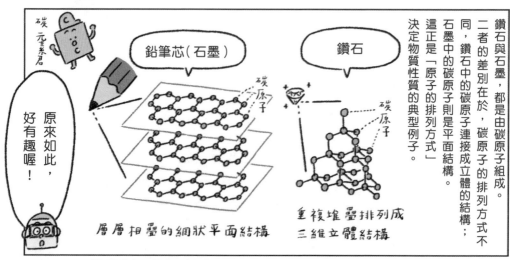

碳元素君

原來如此，好有趣喔！

鉛筆芯（石墨）

碳原子

層層相疊的網狀平面結構

鑽石

碳原子

重複堆疊排列成三維立體結構

鑽石與石墨，都是由碳原子組成。二者的差別在於，碳原子的排列方式不同，鑽石中的碳原子連接成立體的結構；石墨中的碳原子則是平面結構。這正是「原子的排列方式」決定物質性質的典型例子。

※像這類「由同種化學元素組成，而原子排列方式和結構卻不相同的物質」，就稱為「同素異形體」。除了碳之外，硫和磷等元素也有同素異形體。

啊！

難道說，有辦法把石墨變成鑽石喔？

需要幫您介紹嗎？

你說得沒錯，世界上真的有從石墨合成的人造鑽石喔！

2位客人……

只是，必須在高溫高壓的特殊環境下才能……

那個……週期表君，我們差不多該走了。

喔，好！

車車車車車車車

口容！

哇～這裡的商品好多，好好玩喔！

對呀！我也是第一次來，真的很好玩呢！感覺自己都變年輕了！

開門

手舞足蹈

喔～呀～喔～呀～

嗚嗚……

博士！

博、博士，你沒事吧！

腰，我的腰！

痛死我啦！

誕生石的主要化學元素

1月 石榴石

- 鎂（Mg）
- 鋁（Al）
- 矽（Si）

2月 紫水晶

- 矽（Si）
- 氧（O）
- 鐵（Fe）

3月 海藍寶石

- 鈹（Be）
- 鋁（Al）
- 鐵（Fe）

4月 鑽石

- 碳（C）

5月 祖母綠

- 鈹（Be）
- 鋁（Al）
- 鉻（Cr）

6月 珍珠

- 鈣（Ca）
- 碳（C）
- 氧（O）

7月 紅寶石

- 鋁（Al）
- 氧（O）
- 鉻（Cr）

8月 貴橄欖石

- 鐵（Fe）
- 矽（Si）
- 鎂（Mg）

9月 藍寶石

- 鋁（Al）
- 氧（O）
- 鐵（Fe）

10月 蛋白石

- 矽（Si）
- 氧（O）

11月 黃寶石（黃玉）

- 鋁（Al）
- 矽（Si）
- 氧（O）

12月 綠松石

- 銅（Cu）
- 磷（P）
- 鋁（Al）

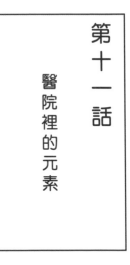

第十一話
醫院裡的元素

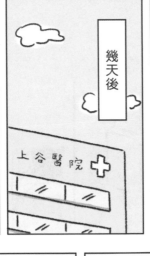

幾天後

上谷醫院

博士～

我幫你拿換洗衣物來了。

301號房 新波博

謝謝你呀，週期表君。

醫生說我下星期就能出院了。

真的嗎！太好了！

後來元素找得怎麼樣了？

說到這個，我後來在博士家附近找了很久，但是再也沒有出現新元素了……

這樣啊……

其實我跟這家醫院的院長是好朋友，他答應我可以在醫院內到處看看！

是真的嗎？

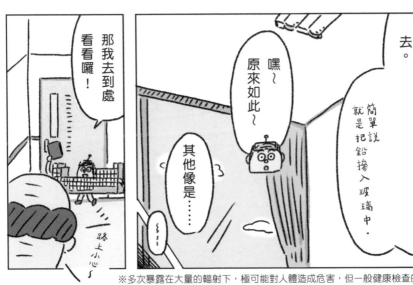

舉例來說，X光室的窗戶玻璃都含有「鉛」這種元素，可以防止X光攝影檢查時的輻射外洩出去。

簡單說就是把鉛摻入玻璃中。

嘿～原來如此～

其他像是……

那我去到處看看囉！

路上小心～

※多次暴露在大量的輻射下，極可能對人體造成危害，但一般健康檢查的輻射劑量很低，對人體的影響微乎其微。

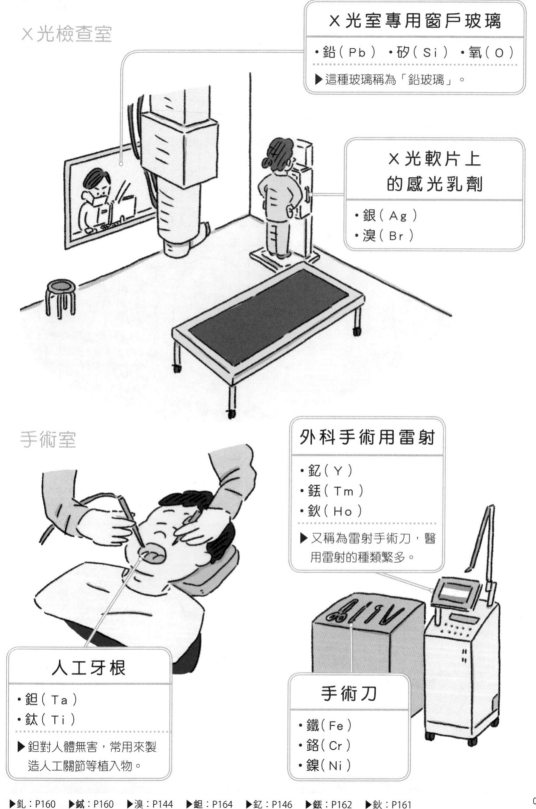

X光檢查室

X光室專用窗戶玻璃

- 鉛（Pb） ・矽（Si） ・氧（O）

▶ 這種玻璃稱為「鉛玻璃」。

X光軟片上的感光乳劑

- 銀（Ag）
- 溴（Br）

手術室

外科手術用雷射

- 釔（Y）
- 銩（Tm）
- 鈥（Ho）

▶ 又稱為雷射手術刀，醫用雷射的種類繁多。

人工牙根

- 鉭（Ta）
- 鈦（Ti）

▶ 鉭對人體無害，常用來製造人工關節等植入物。

手術刀

- 鐵（Fe）
- 鉻（Cr）
- 鎳（Ni）

▶釔：P160　▶銩：P160　▶溴：P144　▶鉭：P164　▶釔：P146　▶銩：P162　▶鈥：P161

醫院常見物品的主要化學元素

走廊

消防自動灑水器

- 鉍（Bi） ・鉛（Pb） ・錫（Sn）

▶ 含有這些元素的合金稱為「伍德合金」，
熔點約為70℃。當火災發生時，消防灑
水器上的伍德合金會自動熔化開始灑水。

緊急出口標示

- 鍶（Sr） ・鋁（Al） ・鏑（Dy）

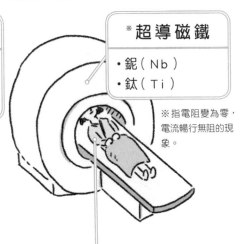

RI檢查（放射性同位素掃描）

受檢者經由注射或口服攝入放射性藥
物，再利用儀器偵測放射性藥物在體
內的分布及代謝狀
況，以診斷疾病。

放射線偵測器

- 鎦（Lu）
- 矽（Si）
- 鈰（Ce）

MRI檢查（磁振造影）

利用超大磁鐵和電磁波，將人體內的
血管和內臟等組織繪製成圖像。

※超導磁鐵

- 鈮（Nb）
- 鈦（Ti）

※指電阻變為零，
電流暢行無阻的現
象。

放射性診斷藥物

- 鎝（Tc）

▶ 利用鎝會釋出放射線的特性，在檢查前事
先將含有鎝的放射性藥物送入人體內，以
作為檢測分析的訊號。

MRI檢查用顯影劑
（使檢查產生的影像對比更清晰）

- 釓（Gd） ・銪（Eu） ・鋱（Tb）

一週後

呼～終於出院了！

好久沒呼吸到外面的新鮮空氣了。

身體已經完全好了嗎？

嗯，已經沒有大礙了。

但還想多休養一陣子。

所以我打算去泡個溫泉，養養腰傷，你覺得怎麼樣？

要去泡溫泉，真的嗎？

嗯，或許還能找到溫泉才有的元素喔！

哇～溫泉～

那就這麼說定了，回家就可以準備行李囉！

幾天後

大和機場

機場好大喔～

每次來機場都覺得好興奮喔～

有些人會把飛機稱作「鐵鳥」。

咦，鐵？我看看「飛機」的元素。

戴上

碳（C）、鋁（Al）、鈦（Ti）……

奇怪？沒有鐵。

當然還是有少部分的鐵，但用最多的是一種以碳為主成分的材料。

除此之外，也會用到鋁和鈦的合金喔。

沒錯，事實上飛機很少用到鐵。

時間差不多了，該去登機門囉！

好！

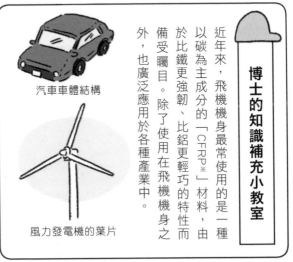

博士的知識補充小教室

近年來，飛機機身最常使用的是一種以碳為主成分的「CFRP※」材料，由於比鐵更強韌、比鋁更輕巧的特性而備受矚目。除了使用在飛機機身之外，也廣泛應用於各種產業中。

汽車車體結構

風力發電機的葉片

※Carbon Fiber Reinforced Plastics的縮寫，中文稱為「碳纖維強化聚合物」。

週期表君，試著掃描一下這裡的溫泉。

好的，「溫泉」。

嗶嗶嗶...

叮咚叮咚

分析完成，出現一個沒看過的新元素「氡（Rn）」。

其實，這裡的溫泉比較特殊，它含有特別多的氡元素。

「氡」對身體很好嗎？

唔嗯～這是個好問題。

有些人相信這種溫泉可以抗癌，但都只是民間傳聞，缺乏科學實證。

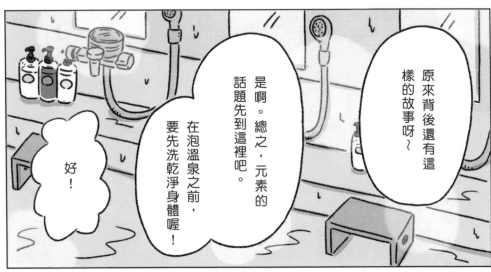

原來背後還有這樣的故事呀～

是啊。總之，元素的話題先到這裡吧。在泡溫泉之前，要先洗乾淨身體喔！

好！

元素圖鑑 ▶氡：P173

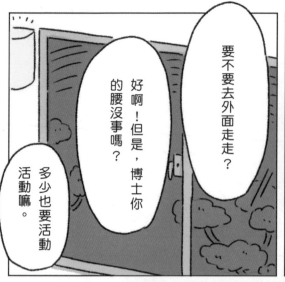

要不要去外面走走？

好啊！但是，博士你的腰沒事嗎？

多少也要活動活動嘛。

哎呀～這溫泉真不錯。

全身泡完都暖和起來了～

換了浴衣

哇～夜晚的街道閃閃發光！

理科女子

理科子酒吧

OPEN

射擊 遊樂

人聲鼎沸

居酒屋

喧囂嘈雜

餃拉子麵

週期表君，你用護目鏡看看門上的燈牌。

這個「發光的招牌」對吧？

分析出來是「氖（Ne）」！是沒看過的新元素。

「氖」和氦（He）、氬（Ar）一樣，都是惰性氣體。

				He
B	C	N	O	F
				Ne
Al	Si	P	S	Cl
				Ar

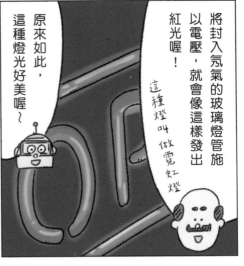

將封入氖氣的玻璃燈管施以電壓，就會像這樣發出紅光喔！

這種燈叫做霓虹燈

原來如此，這種燈光好美喔～

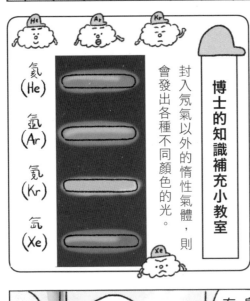

博士的知識補充小教室

封入氖氣以外的惰性氣體，則會發出各種不同顏色的光。

氦（He）

氬（Ar）

氪（Kr）

氙（Xe）

近年來，隨著環保意識升高，這種霓虹燈也越來越少見了。

嗯！真是太幸運了！

幸好這裡還有霓虹燈，才能找到氖元素呢！

已經收集到不少元素了～

我想想，收進身體要「長按右耳」。

嗶！

……

元素圖鑑　▶氖：P128

我的身體，
還有這本電子書和手錶，
都是防水的喔～

泡溫泉也沒問題！

找不到的元素和專業領域的元素

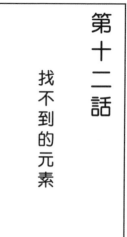

第十二話

找不到的元素

哎呀～
這家旅館真
不錯。

嗯！我玩得好開
心喔！

啾
啾

只是，自從昨天找到
氖元素後，就再也沒
發現新元素了～

回家的路上，還能
找到新元素嗎？

快步走出

週期表君，我有
些話想跟你說。

停

嗯？

怎麼了嗎？

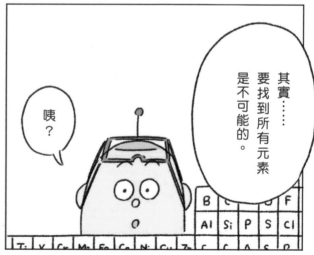

其實……
要找到所有元素
是不可能的。

咦？

咦熱
咦

為什麼不可能？
我會再更努力的！

唉～
這不是努力不努力
的問題。

我一直在想遲早要
跟你說這件事。

但總是找不到機會開口。
對不起啊！

這意思是說，我再
也回不去雀躍行星
了嗎？

唉，不是的……
說來話長，總之
先回家再想辦法
吧。

不過，這的確是個
問題，要是找
不齊所有元素，

週期表君要怎麼
回去原本的星球
呢？

消沈

咻——

幾乎大部分都找到了。

剩下還沒找到的元素，都是原子序大的元素。特別是第7週期的元素，連一個都沒找到。

放射性元素？

沒錯，這是因為原子序在84以上的元素，都是放射性元素。

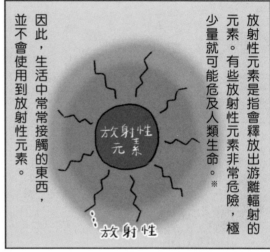

放射性元素是指會釋放出游離輻射的元素。有些放射性元素非常危險，極少量就可能危及人類生命。※

因此，生活中常常接觸的東西，並不會使用到放射性元素。

游離輻射

我在雀躍行星應該還沒學到這麼深入。

而且……

找不到原子序數大的元素，其實還有一個原因。

原子序大於92（鈾）的元素，它們在自然環境中幾乎不存在。

咦咦！不存在？

※P89登場的「氡」也是放射性元素，但溫泉中的含量較低，一般來說不會對人體造成危害。

這就得從元素的歷史說起了。

鈾以前的元素，基本上都是科學家從地球上的物質中發現的。

後來，科學家得知，鈾之後的元素並不存在於地球上後，就決定自己製造元素。

製造？

沒錯，既然沒有，那就自己製造囉！

人類真是了不起耶～

一九四〇年，美國物理學家埃德溫·麥克米倫，成功以粒子加速器※製造出第93號元素，並命名為「錼（Neptunium）」。

錼元素君

粒子加速器

哈哈哈

←埃德溫·麥克米倫

※一種能夠用帶電粒子撞擊其他元素原子核的特殊裝置

後來在眾多科學家的努力之下，陸續製造出更多新元素，填補了元素週期表的空缺。

然而全世界各大研究團隊並不滿足於此，試圖比對方先一步合成出更後面的元素，直到成功合成出118號元素「氳」。

可是這些元素既然能夠製造出來，不就代表確實存在？

可惜呀，要找到這些元素，幾乎是不可能的事。

怎麼會……

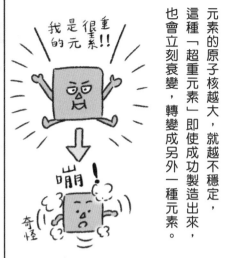

元素的原子核越大，就越不穩定，這種「超重元素」即使成功製造出來，也會立刻衰變，轉變成另外一種元素。

我是很重的元素！！

嘣！

奇怪

意思是說，想要找到所有元素，果然還是不可能嗎？

消況

但是手錶的任務內容裡，

明明寫著……

咦？

任務達成度 76/118

使用護目鏡，尋找地球上的元素，完成書本的內容吧！

之前有這個符號嗎？

球上的元素內容吧！

咦？

球上的元素內容吧！

嗶

快速翻頁

用那支筆寫在空白頁面上？

似乎是這樣沒錯，好像有滿多功能的。

也就是說……

不過太好了！剩下的那些元素，我會把知道的都盡可能告訴你。

真是太謝謝您了！

對了！

我本來已經安排好，可以去我以前工作的研究中心看看。

研究中心？

沒錯，那些罕見的元素，在那裡也許有機會找到，不過既然可以用寫的……

我要去！我想去看看！

剩下的元素都可以自己寫，還要去嗎？

不！找得到的元素我要自己找出來！

有氣魄！就這麼決定了，先去研究中心，找不到的元素再回來寫。

這裡就是研究中心。

哇——

研究中心站到了！研究中心站到了！

到站囉！

好！

登登～～

研究中心

博士，你居然在這麼大的研究中心工作過，真是太厲害了！

哈哈哈，謝謝誇獎。

對了，待會有人問起，我會說你是個機器人。

如果被人知道你是外星人，會惹麻煩的。

竊竊私語

OK！

應該有人來接……

啊，就在那裡。

我在這裡～

海苔北，今天就要麻煩你了。

您太客氣了，能幫上老師的忙是我的榮幸，請隨時吩咐～

這個是？

你……好。

這個是我目前正在研發的機器人。

口波

彈出

喔喔～原來是這種構造。

我看看，鑭系元素和錒系元素在……

給、您、看、個、好東西～

喔～太厲害了！這個形狀是元素週期表對吧。

哎呀呀……

門開啟

麻煩你了

好開心！

呼～

如果是這樣，那我帶你們去看個地方，那裡正好有上面還沒找到的罕見化學元素，走吧！

不過，還在研發中就是了。

是～是呀。

嗯嗯！元素符號沒有完全填滿……難道說，這個機器人是做成可以找出元素那種感覺？

第一站就從這個「時間量測部門」，開始參觀起吧！

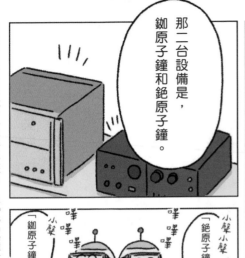

那二台設備是，銣原子鐘和銫原子鐘。

「銣原子鐘」。

「銫原子鐘」。

小聲小聲

小聲

小聲

※漫畫中提及的研究中心雖然是虛構的，但「光晶格鐘」確實存在。目前在東京大學等研究機構都有研究，其精確度高達每300億年誤差不超過1秒。

然後……這邊的設備是，還在研發中的「光晶格鐘」。

「光晶格鐘」。

啪

Yb

沒錯！光晶格鐘有使用到鐿元素。

忐忑不安。

喔喔！二種元素符號都跑出來了！

K | C
Rb | S
Cs | B

新波老師，這個機器人怎麼設計的？

哈哈哈

太屌了！

先別管那個了，我們去看看下一個地方。

啊，對對，還有很多部門要看。那下一站就去「航空技術部門」吧！

元素圖鑑　▶銣：P145　▶銫：P155　▶鐿：P163

專業領域零件的主要元素

飛機引擎的零件或光纖等，這些毫不起眼卻又是人類生活中不可或缺的東西，都是由特殊元素製造出來的喔。

航空技術部門

噴射發動機的渦輪葉片

- 鎳（Ni）
- 錸（Re）
- 鉿（Hf）

在鎳基合金中加入錸和鉿，可有效提升合金的耐熱性及強度。

電子研究部門

摻鉺光纖（EDF）

- 矽（Si）
- 氧（O）
- 鉺（Er）

在石英光纖中摻入鉺離子，可解決光纖傳輸過程中光訊號的衰減問題，大幅延長光纖通訊的傳輸距離。

溫度量測部門

低溫溫度計

- 汞（Hg）
- 鉈（Tl）

在汞（水銀）中摻入鉈，可使汞的熔點※降低，因此可做成低溫溫度計。

※ 固體開始熔化成液體時的溫度。

元素圖鑑　▶錸：P165　▶鉿：P164　▶鉺：P162　▶鉈：P170

我們能找到的元素
都該找到了。

那麼找不到的元素
會用口頭講解，週
期表君就寫在筆記
本上。

好！

嗯～首選還是
要從哪個元素開
始說起……

非它莫屬！原子序第113
號的「鉨」。

113
Nh
鉨

鉨？

一般來說，新元素的命
名權是由元素發現者取
得。

我們前幾天說到新元素
時，並沒有談到這點。

而這個「鉨」，是史上
首次由日本取得命名權
的元素，所以，對日本
人來說，這個元素特別
有意義。

哦！

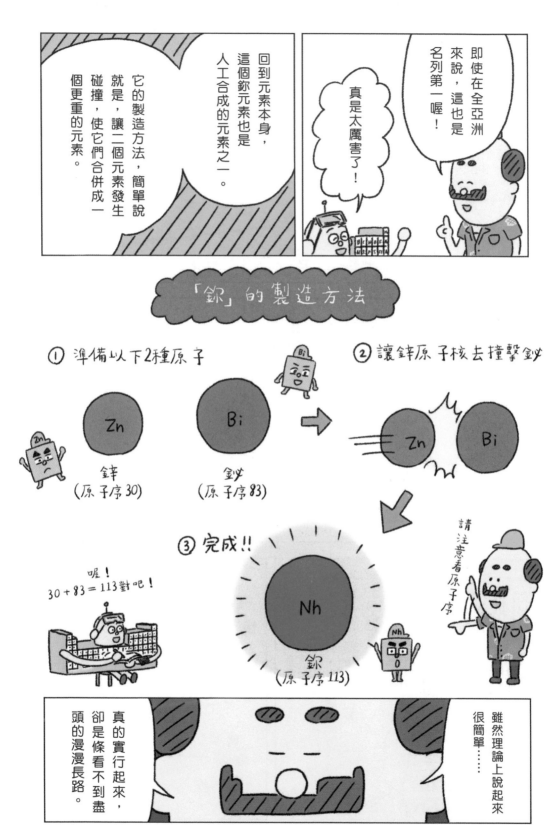

首先，實驗過程中要讓原子與原子，更精確說，是要讓原子核與原子核發生碰撞，

但是，原子核大小只有一千億分之一毫米。因為實在太過微小，要成功碰撞的機率非常低。

穿過
穿過
穿過
目標
穿過　穿過

其次，要提高成功機率，原子核的碰撞速度也是關鍵。

速度…

V Cr Mn Fe Co Ni Cu Zn Ga
Nb Mo Tc Ru Rh Pd Ag Cd In Sn Sb Te I Xe
Tl Pb Bi

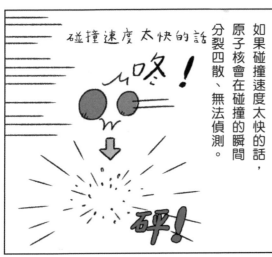

碰撞速度太快的話

咚！

砰！

如果碰撞速度太快的話，原子核會在碰撞的瞬間分裂四散、無法偵測。

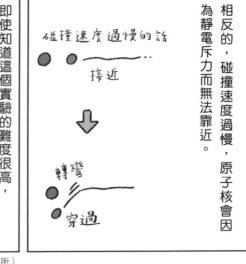

碰撞速度過慢的話

接近

轉彎

穿過

相反的，碰撞速度過慢，原子核會因為靜電斥力而無法靠近。

即使知道這個實驗的難度很高，日本的研究團隊仍決定從零開始設計、製造實驗裝置，在無數次的調整及嘗試後，終於邁向成功。

↑讓原子核碰撞的實驗裝置（位於日本理化學研究所）

順帶一提，這個實驗是在二〇〇四年，首次成功合成、偵測出鍅元素。當中總撞擊次數高達一百兆次。

一⋯⋯一百兆次！

沒錯，而且這麼多次下來，卻只成功合成出一個。這也說明了，要製造出新元素是多麼困難的事。

後來又經過無數次的實驗，到了二〇一二年又成功合成出二個鍅元素。

日本研究團隊最終合成出三個鍅元素，這項研究成果即使放眼世界也非常出色。

終於在二〇一五年的年底，國際機構正式認定113號鍅元素為新元素，才由日本取得元素的命名權。

哈哈哈～看你這麼高興，連我也開心了起來。

聽完就忍不住想拍手！

哎～又不是我製造的。

恭喜～

那麼，鈇元素的用途是什麼呢？

唔嗯，現階段來說，這個元素對我們的生活並沒有直接幫助。

畢竟就算製造出來也會立刻衰變，無法穩定存在。

既然這樣，那為什麼要製造新元素呢？

咦？

唔嗯，關於這個問題，我想每個人的答案都不盡相同。

我認為……單純是為了滿足人類的求知慾。因為就連我自己也滿想看看，究竟還可以發現多少種元素。

不過，如果只有這個理由，大概很難讓人接受。

要再說一個原因的話，那就是，科學家認為鈇之後的元素中，理論上應該有穩定性高，不會立刻衰變的元素。

若是真能製造出來，就可以分析這種元素的化學性質。

到時或許可以解開許多科學上的未解之謎，創造出劃時代的新技術也說不定呢。

儘管來分析我的化學性質！

超級重卻又很穩定的元素。

這還真令人期待！

嘿～對吧！這種新元素究竟會帶來哪些天翻地覆的改變呢？科學家就是抱著這種心情製造新元素。

在那之後，博士繼續講解關於元素的課程，終於……

完成了。

終……

終於完成了！

達成度 118／118

使用護目鏡，

您太客氣了，當初要是沒有遇到博士……

?

這都多虧博士的幫忙。

不不，這是週期表君努力的成果。

編號E12
的自動返航模式
即將啟動

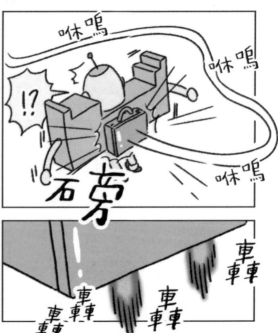

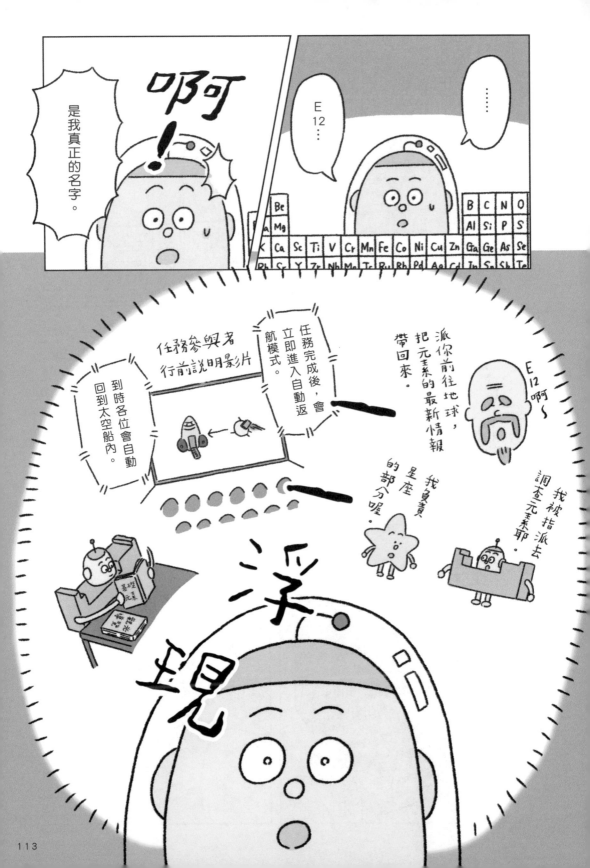

嗯嗯，我也一樣喔！

雖然相處時間很短，但這段時間我真的很開心。

博士，我全都想起來了。

系統設定任務完成後，就會立即返回母星。

原來是這樣啊。

哈哈哈，我會小心的。

嗯，小心不要再撞到頭，把事情都忘光了。

等我回到雀躍行星，一定會好好把元素的事情轉告大家的。

哇！

博士，真的很……

啊，我去開門……

元素圖鑑

各種圖示的代表意義

常溫下的狀態		人工合成元素		放射性元素	
	固體				
	液體	✋		☢	
	氣體				

全世界用量最大的金屬！

26   Iron

Fe

鐵 ㄊㄧㄝˇ

發現年不明

固體

週期表上的位置

元素名稱由來：源自凱爾特古語的「神聖的金屬」。

現今普遍認為，如果以地球整體而言，地球上最多的元素是鐵。雖然鐵有容易生鏽的缺點，但價格便宜、容易取得、容易加工的優點，讓鐵成為當今世界上用量最大、使用範圍最廣的金屬材料。鐵最大的特徵是，可以藉由調整添加物的種類和比例來改變性質。舉例來說，含有少量碳元素（6）的鐵稱為「鋼」，而在「鋼」裡摻入鉻（24）或錳（25）等不同元素後，能夠有效提高鋼鐵的性能。此外，人體中的鐵，則肩負將「氧」運送到全身各處的重要工作。

家電或電子產品的零件

製成鍋具、餐具等廚具

建築物的結構材料（鋼筋等）

營建機具、工業機具

汽車車體的材料

哪些東西含有這種元素？元素的主要用途是什麼？

使用度第1名的金屬！

電車車體的材料

鐵軌

這種元素的性質和它形成化合物時的性質

138

118

元素圖鑑的使用方法

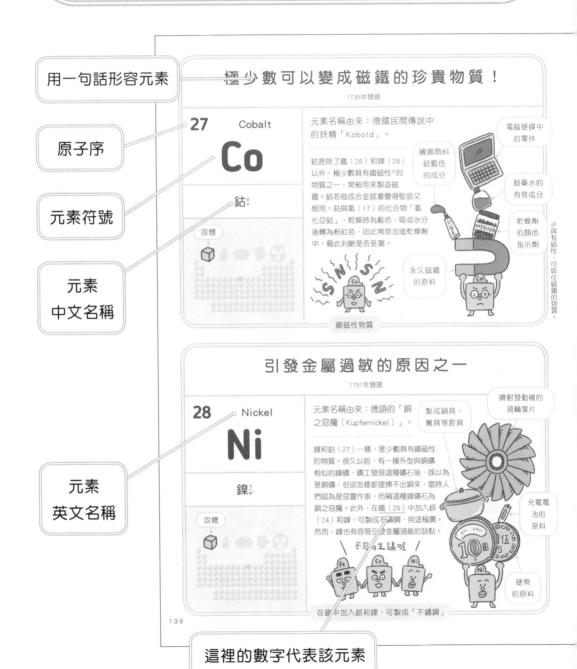

用一句話形容元素 —— 極少數可以變成磁鐵的珍貴物質！

1735年發現

原子序 —— **27**　Cobalt

Co

元素符號

元素
中文名稱 —— 鈷

固體

元素名稱由來：德國民間傳說中的妖精「Kobold」。

鈷是除了鐵（26）和鎳（28）以外，極少數具有鐵磁性的物質之一，常被用來製造磁鐵。鈷若做成合金就會變得堅固又耐用。鈷與氯（17）的化合物「氯化亞鈷」，乾燥時為藍色，吸收水分後轉為粉紅色，因此常添加進乾燥劑中，藉此判斷是否受潮。

電腦硬碟中的零件

繪圖顏料鈷藍色的成分

眼藥水的有效成分

乾燥劑的顏色指示劑

永久磁鐵的原料

※具有磁性，可吸住磁鐵的物質。

鐵磁性物質

引發金屬過敏的原因之一

1751年發現

28　Nickel

Ni

元素
英文名稱 ——

鎳

固體

元素名稱由來：德語的「銅之惡魔（Kupfernickel）」。

鎳和鈷（27）一樣，是少數具有鐵磁性的物質。很久以前，有一種外型與銅礦相似的鎳礦，礦工發現這種礦石後，誤以為是銅礦，但卻怎樣都提煉不出銅來，當時人們認為是惡靈作祟，而稱這種鎳礦石為銅之惡魔。此外，在鐵（26）中加入鉻（24）和鎳，可製成不鏽鋼，用途極廣。然而，鎳也有容易引發金屬過敏的缺點。

噴射發動機的渦輪葉片

充電電池的原料

硬幣的原料

不要再生鏽喔

在鐵中加入鉻和鎳，可製成「不鏽鋼」

139

這裡的數字代表該元素的原子序

週期表的縱行稱為「族」，橫列則稱為「週期」。
舉例來說，氧是「第16族第2週期」的元素，
就像這樣，即可快速找出元素在週期表上的位置。

18族

								2 **He** 氦
				13族	**14族**	**15族**	**16族**	**17族**	

				5 **B** 硼	6 **C** 碳	7 **N** 氮	8 **O** 氧	9 **F** 氟	10 **Ne** 氖
9族	**10族**	**11族**	**12族**	13 **Al** 鋁	14 **Si** 矽	15 **P** 磷	16 **S** 硫	17 **Cl** 氯	18 **Ar** 氬
27 **Co** 鈷	28 **Ni** 鎳	29 **Cu** 銅	30 **Zn** 鋅	31 **Ga** 鎵	32 **Ge** 鍺	33 **As** 砷	34 **Se** 硒	35 **Br** 溴	36 **Kr** 氪
45 **Rh** 銠	46 **Pd** 鈀	47 **Ag** 銀	48 **Cd** 鎘	49 **In** 銦	50 **Sn** 錫	51 **Sb** 銻	52 **Te** 碲	53 **I** 碘	54 **Xe** 氙
77 **Ir** 銥	78 **Pt** 鉑	79 **Au** 金	80 **Hg** 汞	81 **Tl** 鉈	82 **Pb** 鉛	83 **Bi** 鉍	84 **Po** 釙	85 **At** 砈	86 **Rn** 氡
109 **Mt** 䥑	110 **Ds** 鐽	111 **Rg** 錀	112 **Cn** 鎶	113 **Nh** 鉨	114 **Fl** 鈇	115 **Mc** 鏌	116 **Lv** 鉝	117 **Ts** 鿬	118 **Og** 鿫

62 **Sm** 釤	63 **Eu** 銪	64 **Gd** 釓	65 **Tb** 鋱	66 **Dy** 鏑	67 **Ho** 鈥	68 **Er** 鉺	69 **Tm** 銩	70 **Yb** 鐿	71 **Lu** 鎦
94 **Pu** 鈽	95 **Am** 鋂	96 **Cm** 鋦	97 **Bk** 鉳	98 **Cf** 鉲	99 **Es** 鑀	100 **Fm** 鐨	101 **Md** 鍆	102 **No** 鍩	103 **Lr** 鐒

元素週期表

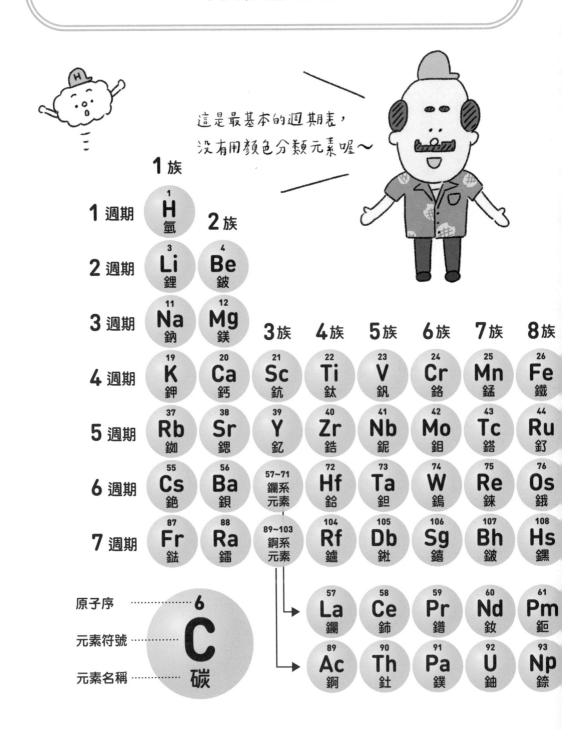

這是最基本的週期表，沒有用顏色分類元素喔～

1 族

1 週期 1 H 氫

2 族

2 週期 3 Li 鋰　4 Be 鈹

3 週期 11 Na 鈉　12 Mg 鎂

	3 族	**4 族**	**5 族**	**6 族**	**7 族**	**8 族**
4 週期 19 K 鉀　20 Ca 鈣	21 Sc 鈧	22 Ti 鈦	23 V 釩	24 Cr 鉻	25 Mn 錳	26 Fe 鐵
5 週期 37 Rb 銣　38 Sr 鍶	39 Y 釔	40 Zr 鋯	41 Nb 鈮	42 Mo 鉬	43 Tc 鎝	44 Ru 釕
6 週期 55 Cs 銫　56 Ba 鋇	57~71 鑭系元素	72 Hf 鉿	73 Ta 鉭	74 W 鎢	75 Re 錸	76 Os 鋨
7 週期 87 Fr 鍅　88 Ra 鐳	89~103 錒系元素	104 Rf 鑪	105 Db 𨧀	106 Sg 𨭎	107 Bh 𨨏	108 Hs 𨭆

原子序 ············ 6
元素符號 ············ C
元素名稱 ············ 碳

57 La 鑭　58 Ce 鈰　59 Pr 鐠　60 Nd 釹　61 Pm 鉕

89 Ac 錒　90 Th 釷　91 Pa 鏷　92 U 鈾　93 Np 錼

在所有元素中是最小的！

1	Hydrogen

H

氫 ㄑㄧㄥˊ

1766 年發現

氣體

（元素週期表略圖，氫位於左上角）

元素名稱由來：
源自希臘語的「水（hydro）」與「生成（genes）」。

氫是宇宙中最先誕生的元素，也是宇宙中含量最豐富的元素（約占全宇宙70%）。而且，在所有元素中，氫是最小、最輕的元素。氫原子在太陽中發生核融合反應，釋放出熱與光。同時液態氫也是常見的火箭燃料。

超級輕的！

太陽裡面大部分都是氫

燃燒後會生成水

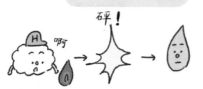

地球上的氫，絕大部分是以水的形式存在

氫是人體中第3多的元素（重量百分比）

氫可作為火箭的燃料

汽車業界正在研發無汙染的「氫燃料電池」，作為汽車的動力來源

氦氣不只是變聲氣體！

1868年發現

2	Helium
He	
氦 _{ㄏㄞˋ}	
氣體	

元素名稱由來：源自希臘語的「太陽（helios）」。

氦在地球上的含量稀少，卻是宇宙中僅次於氫（1），第二多的元素。同時，氦也是僅次於氫，質量第二輕的元素。不過，與氫不同的是，氦不會爆炸，相當安全。氦氣也是有名的「變聲氣體」，吸入後可以改變說話聲音。

可用來充氣

氦氧混合氣可用於水肺潛水

整人玩具「變聲氣體」

為飛船提供浮力的氣體

第二輕的元素

不可燃

3C行動裝置少不了它！

1817年發現

3	Lithium
Li	
鋰 _{ㄌㄧˇ}	
固體	

元素名稱由來：源自希臘語的「石頭（Lithos）」。

鋰是最輕的金屬。它的質地柔軟，可輕易用刀子切開。鋰會與水反應生成氫氣，但與其他鹼金屬相比，反應較不劇烈。鋰在所有元素中最容易放出電子的特性，使它成為電池的最佳材料。鋰離子電池的應用範圍非常廣泛。

使煙火發出紅光的成分

3C行動裝置的電池

質地非常柔軟

容易放出電子

電子

電動車或混合動力車輛的電池

對人體有害，對機器有益！

1828年發現

4	Beryllium
	Be
	鈹ㄆˊ

固體

元素名稱由來：從「綠柱石（beryl）」的礦石中發現而得名。

鈹是既輕又堅硬、不易腐蝕的金屬。對人體有劇烈毒性。在銅（29）或鎳（28）中少量摻入鈹，可提升合金強度，這類合金常用來製造精密機械的零件。此外，鈹與氧（8）的化合物「氧化鈹」耐火性佳，是製造飛機等機械的良好材料。

又輕又堅硬 鏗！

鈹與氧的化合物不怕火燒

跳！

祖母綠和海藍寶石的成分中含有鈹

汽車或電子產品中的彈簧

飛機引擎等精密機械的零組件

蟑螂的剋星！

1892年發現

5	Boron
	B
	硼ㄆㄥˊ

固體

元素名稱由來：源自阿拉伯語的「硼砂（buraq）」。

硼的耐火性佳，且非常堅硬。含硼玻璃（硼矽酸玻璃）非常耐熱，可承受急劇的溫度變化，突然倒入熱水也不會破裂。此外，硼也是殺蟑藥的成分之一。使用硼砂（硼的化合物）及漿衣精，可製作出史萊姆玩具。

鏗！  非常堅硬

 可做成史萊姆玩具

眼藥水的防腐成分

硼酸可製作殺蟑藥

含硼耐熱玻璃可製造實驗器具或茶壺

生物的主要構成元素！

6	Carbon
C	
碳_{ㄊㄢ}	
發現年不明	

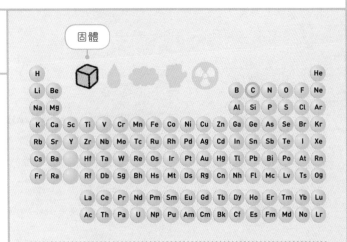

固體

元素名稱由來：
源自拉丁語的「木炭（carbo）」。

碳在人類史上很早就被發現和使用。它是構成生物的主要元素，生物體內的蛋白質和脂肪等都是以碳為骨架構成的有機化合物。雖然鑽石和石墨都是由單一元素「碳」構成的物質，但碳原子的排列及結合方式不同，使兩者的外觀和性質有極大差異（參閱P80）。此外，碳能與多種元素鍵結，形成各式各樣的化合物。我們生活中的醫藥用品或衣物等，都是由這些碳化合物製成。

飛機機身的材料

植物含有碳

食品含有碳

塑膠含有碳

碳是人體中第2多的元素（重量百分比）

嗶！？ 嗶？ 嗶！？

碳能與各種元素形成各式各樣的化合物

鑽石

石墨

空氣中大部分都是氮氣！

7	Nitrogen
N 氮_{ㄉㄢˋ}	
1772 年發現	

氣體

H																	He
Li	Be											B	C	N	O	F	Ne
Na	Mg											Al	Si	P	S	Cl	Ar
K	Ca	Sc	Ti	V	Cr	Mn	Fe	Co	Ni	Cu	Zn	Ga	Ge	As	Se	Br	Kr
Rb	Sr	Y	Zr	Nb	Mo	Tc	Ru	Rh	Pd	Ag	Cd	In	Sn	Sb	Te	I	Xe
Cs	Ba		Hf	Ta	W	Re	Os	Ir	Pt	Au	Hg	Tl	Pb	Bi	Po	At	Rn
Fr	Ra		Rf	Db	Sg	Bh	Hs	Mt	Ds	Rg	Cn	Nh	Fl	Mc	Lv	Ts	Og

	La	Ce	Pr	Nd	Pm	Sm	Eu	Gd	Tb	Dy	Ho	Er	Tm	Yb	Lu
	Ac	Th	Pa	U	Np	Pu	Am	Cm	Bk	Cf	Es	Fm	Md	No	Lr

元素名稱由來：
源自希臘語的「硝石（nitre）」與「生成（genes）」。

空氣中約有8成是氮氣，氮的化學性質安定，在常溫下幾乎不會產生反應。氮也是構成人體的重要元素之一，蛋白質和DNA中都有它的存在。氮與氫（1）的化合物「氨」，是肥料的主要原料。液態氮的溫度非常低，約零下196℃，可用來冷凍保存血液等生物樣品和材料。

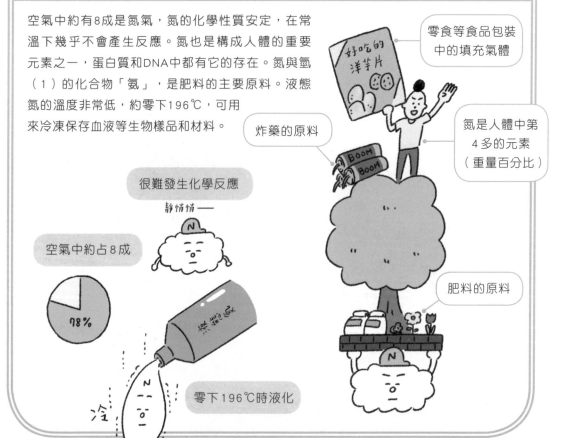

零食等食品包裝中的填充氣體

炸藥的原料

氮是人體中第4多的元素（重量百分比）

很難發生化學反應

靜悄悄——

空氣中約占8成

78%

肥料的原料

零下196℃時液化

冷

維持生命的必需品！

8	Oxygen

O

氧 ㄧㄤˇ

1774 年發現

氣體

H																	He
Li	Be											B	C	N	O	F	Ne
Na	Mg											Al	Si	P	S	Cl	Ar
K	Ca	Sc	Ti	V	Cr	Mn	Fe	Co	Ni	Cu	Zn	Ga	Ge	As	Se	Br	Kr
Rb	Sr	Y	Zr	Nb	Mo	Tc	Ru	Rh	Pd	Ag	Cd	In	Sn	Sb	Te	I	Xe
Cs	Ba		Hf	Ta	W	Re	Os	Ir	Pt	Au	Hg	Tl	Pb	Bi	Po	At	Rn
Fr	Ra		Rf	Db	Sg	Bh	Hs	Mt	Ds	Rg	Cn	Nh	Fl	Mc	Lv	Ts	Og
		La	Ce	Pr	Nd	Pm	Sm	Eu	Gd	Tb	Dy	Ho	Er	Tm	Yb	Lu	
		Ac	Th	Pa	U	Np	Pu	Am	Cm	Bk	Cf	Es	Fm	Md	No	Lr	

元素名稱由來：
源自希臘語的「酸（oxys）」與「生成（genes）」。

空氣中約有21%是氧氣，氧是生物呼吸、維持生命不可或缺的元素。氧的化學性質活潑，可以和多種物質反應生成氧化物。物體燃燒、金屬生鏽等都是氧化的現象。順帶一提，我們平常呼吸的氧氣，是2個氧原子組成的氧分子。3個氧原子組成的分子則稱為「臭氧」。

臭氧層能吸收大量來自太陽的有害紫外線

水的成分

植物行光合作用產生氧氣

氧是人體中含量最多的元素（重量百分比）

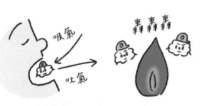

呼吸和燃燒都少不了它

21%

空氣中約占21%

3個氧原子結合時形成臭氧（O_3）

火箭的燃料

岩石和沙子的成分

平底鍋和牙齒的守護者！

1886年發現

9	Fluorine
F	
氟﹝ㄈㄨˊ﹞	
氣體	

元素名稱由來：源自拉丁語的「螢石（fluorite）」。

氟的反應活性相當高，幾乎能與所有元素發生反應。但是，氟和碳（6）組成「氟碳化合物」後，性質就會變得極為穩定，幾乎不發生反應。鐵氟龍（聚四氟乙烯，PTFE）具有耐熱、防水、防油的特性，是平底鍋表面常用的不沾塗料。

※含氟化合物的一種

氯氟烴※過去曾當作「壓縮噴霧噴射劑」使用

預防蛀牙、強健牙齒的成分

平底鍋表面的不沾塗層

氟和碳結合後，性質就會變穩定

讓夜晚街頭充滿懷舊感的霓虹燈！

1898年發現

10	Neon
Ne	
氖﹝ㄋㄞˇ﹞	
氣體	

元素名稱由來：源自希臘語的「新的（neos）」。

氖屬於惰性氣體，化學性質不活潑，很難發生化學反應。將氖氣充入玻璃燈管中，施加電壓後就會發出紅光，因此常用來製造霓虹燈。此外，若填充氬氣（18）等其他惰性氣體，也會發出多種不同顏色的光。

霓虹燈的填充氣體

施加電壓就會發光

雷射

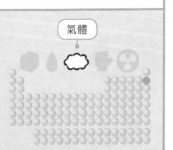

很難發生反應

它在我們的生活中隨處可見！

1807年發現

11 Sodium

Na

鈉

固體

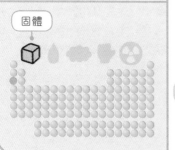

元素名稱由來：源自阿拉伯語的「蘇打（suda）」。

鈉屬於鹼金屬。鈉的單質非常危險，碰到水會產生劇烈反應（爆炸）。當它與其他元素組成鈉化合物，就會搖身一變，成為生活中的常見物品。此外，鈉化合物燃燒時，會發出黃色火焰。

碰到水會劇烈反應

黃色火焰

調節神經、肌肉活動，維持人體正常機能

泡打粉的成分

肥皂的成分

食鹽的成分

海水成分

光合作用少不了它！

1755年發現

12 Magnesium

Mg

鎂

固體

元素名稱由來：源自礦石發現地的希臘地名「Magnesia」。

鎂是繼鋰（3）、鈉（11）之後，排名第三輕的金屬。雖然鎂具有高強度，但在空氣中很容易氧化，耐蝕性不佳。鎂一經點燃，就會劇烈燃燒發出耀眼光芒。植物葉子中的「葉綠素」含有鎂，在植物行光合作用的過程中，扮演重要角色。

點火加熱後，會劇烈燃燒

容易生鏽

葉子中的葉綠素含有鎂

豆腐的凝固劑「鹽滷」含有鎂

汽車輪框

電子產品的金屬外殼

質地輕巧、容易加工！

13	Aluminium
Al 鋁 ㄌㄩˇ	
1825 年發現	

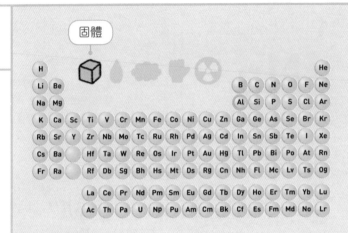

固體

元素名稱由來：源自於古希臘及古羅馬「明礬」的古名「alumen」。

鋁在地殼中的含量豐富，並具有質輕、強度高、容易加工、不易腐蝕等眾多優點，因此廣泛運用於我們的生活中。而鋁之所以不易腐蝕，是因為鋁的表面接觸到空氣中的氧氣（8），會生成一層緻密的氧化鋁，具有防止生鏽的保護作用。鋁的提煉會耗費大量電力，因此現在的鋁材來源多以回收再利用為主。

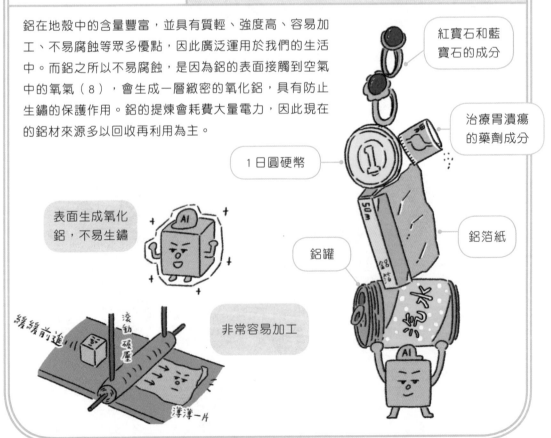

紅寶石和藍寶石的成分

治療胃潰瘍的藥劑成分

1 日圓硬幣

鋁箔紙

表面生成氧化鋁，不易生鏽

鋁罐

非常容易加工

積體電路的主要材料！

14	Silicon

Si

矽 ㄒㄧˋ

1823 年發現

固體

元素名稱由來：源自拉丁語的「打火石（Silex）」。

矽在地殼中含量第2多的元素，僅次於氧（8）。矽的導電性會依據溫度高低、光的有無等條件，而有很大變化（這樣的導電特性稱為半導體）。
這種可受控制的導電性質，使矽成為製作積體電路等，炙手可熱的半導體材料。此外，矽與氧的化合物「二氧化矽」是沙子和石頭的主要成分。同時，矽也是玻璃的主要成分。

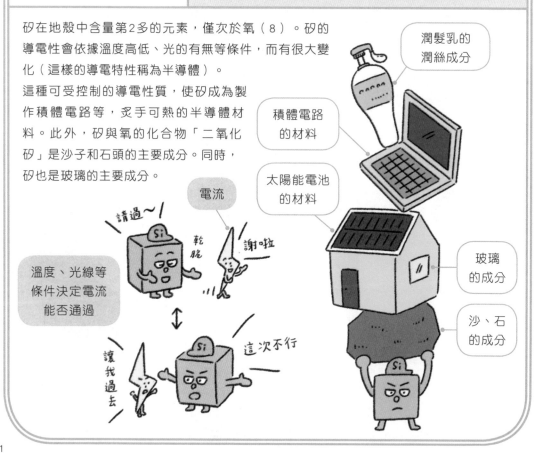

潤髮乳的潤絲成分

積體電路的材料

太陽能電池的材料

電流

溫度、光線等條件決定電流能否通過

玻璃的成分

沙、石的成分

請過～

乾脆

謝啦

讓我過去

這次不行

不管對人類還是植物來說都很重要！

1669年發現

15	Phosphorus
	P
	磷ㄌㄧㄣˊ

固體

元素名稱由來：源自希臘語的「光（phos）」和「搬運物（phoros）」。

磷是人體的主要元素之一，人體的骨骼和DNA等都含有磷。磷也是植物生長過程中不可或缺的元素，與氮、鉀並稱為「肥料3要素」。此外，就像碳元素（6）有鑽石和石墨等同素異形體一樣，磷也有許多性質各異的同素異形體。

肥料的成分

白磷	黑磷
有劇毒，在空氣中會自燃發火	化學性質安定，不易起火燃燒

火柴的發火劑

骨骼和牙齒

溫泉刺鼻味道的來源

發現年不明

16	Sulfur
	S
	硫ㄌㄧㄡˊ

固體

元素名稱由來：源自拉丁語的「硫黃（sulpur）」，語源為梵語「火種」之意。

硫是人類史上很早就發現的元素。硫本身無臭，但硫與氫（1）結合成「硫化氫」後，會發出腐壞雞蛋般的臭味。此外，硫具有賦予橡膠彈性的效果，這個過程稱為「硫化」，是決定橡膠品質好壞的重要關鍵。

臭烘烘

變成硫化氫後有臭味

洋蔥和蒜頭刺鼻味道的來源

鞋子和輪胎的橡膠成分

溫泉成分

自來水殺菌找它就對了！

1774年發現

17	Chlorine
Cl	
氯 カ.ㄩ	

氣體

元素名稱由來：源自希臘語的「黃綠色（chloros）」。

氯是有毒的黃綠色氣體。空氣中即使只有微量的氯，也會刺激鼻子和喉嚨的黏膜，嚴重時甚至可能危及生命。氯具有殺菌作用，常用於自來水和游泳池的消毒殺菌。

自來水的消毒殺菌劑

保鮮膜

PVC 塑膠管

食鹽的成分

海水成分

毒性強烈

游泳池

具有殺菌作用

空氣中第 3 多的氣體！

1894年發現

18	Argon
Ar	
氬 ㄧㄚˋ	

氣體

元素名稱由來：源自希臘語的「懶惰蟲（argos）」。

氬與氖（10）同是惰性氣體，化學性質不活潑，很難發生化學反應。空氣中約有1%是氬氣，在地球上的含量遙遙領先其他惰性氣體。氬氣比空氣不容易導熱，具隔熱效果。

電弧焊接時防止氧化的保護氣體

隔熱窗戶的兩層玻璃之間的填充氣體

螢光燈管內的填充氣體

很難發生反應

1%

空氣中約占1%

不容易導熱

肥料三要素之一！

1807年發現

19	Potassium
K	
鉀ㄐㄧㄚˇ	

固體

元素名稱由來：源自阿拉伯語「來自植物灰燼的鹼（qali）」。

鉀與鈉（11）都是鹼金屬，碰到水會產生劇烈反應。鉀在空氣中會因化學變化而自然發熱、燃燒。鉀與氮（7）、磷（15），都是植物生長的關鍵元素。

火柴頭的助燃氧化劑成分

香蕉和番薯的營養成分

調節神經、肌肉活動，維持人體正常機能

液體肥皂的成分

肥料的成分

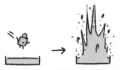

碰到水會劇烈反應

空氣中會自燃

骨骼和牙齒的主要成分！

1808年發現

20	Calcium
Ca	
鈣ㄍㄞˋ	

固體

元素名稱由來：源自拉丁語的「石灰（calx）」。

鈣是銀白色的金屬，形成鈣化合物後則是白色的。鈣是人體中的重要元素，是構成骨骼和牙齒的主要成分。若是將鈣化合物放入火焰中燃燒，就會發出橙色火焰。

粉筆的成分

起司和牛奶含鈣

鈣是人體中第5多的元素（重量百分比）

水泥的成分

單質為銀白色

燃燒時火焰為橙色

134

用途很少，價格卻十分昂貴！

1879年發現

21	Scandium
Sc	
鈧（ㄎㄤ）	

固體

元素名稱由來：拉丁語的「斯堪地那維亞（scandia）」。

鈧是質輕且柔軟的銀白色金屬。鈧的全球貿易量很低，但價格卻十分昂貴。同時，鈧也是稀土元素的成員之一（參閱本頁下方）。此外，在鋁（13）中添加少量的鈧，可提高合金的強度。在水銀燈中封入「碘化鈧」，可發出如太陽光般明亮的白光。

自行車的車架

棒球場的夜間照明

價格昂貴

「鋁鈧合金」具高韌性、高強度

博士的補充教室

～何謂稀土元素～

　　稀土元素（Rare Earth Elements）又稱稀土金屬（Rare Earth Metals），是鈧（原子序21）、釔（39）和鑭系元素（57～71）共17種元素的合稱，它們具有相似的化學性質，用途廣泛，是許多高科技產業的必須原料。例如：「釹（60）」是製造電動車等汽車馬達上的強力磁鐵的必須原料；「銪（63）」是夜光塗料的原料；「鉺（68）」能大幅延長光纖的傳輸距離等，這些稀土元素的不可替代性非常高。

　　然而，目前全球的稀土元素幾乎都產自中國※，對於資源稀缺的臺灣和日

本來說，降低對稀土元素的依賴，研發各種替代材料及生產技術，成了目前的當務之急。

鑭系元素

※中國的稀土產量佔全球的80％以上

集優點於一身，元素資優生！

1791年發現

22	Titanium
	Ti
	鈦ㄊㄞˋ
固體	

元素名稱由來：源自希臘神話中的巨人「泰坦（Titan）」。

鈦是既輕又堅固、耐熱性佳、且不易生鏽的金屬。同時，它也是對人體親和性佳，不容易產生金屬過敏的材料。集眾多優點於一身的性質，使鈦和鋁（13）成為生活中最常見的兩大金屬材料。此外，鈦與氧（8）的化合物「二氧化鈦」，也是目前炙手可熱的光觸媒※材料。

我們兩個都很努力呢 / 再接再厲

用途廣泛的程度和鋁不相上下

人工牙根（植體）

防晒乳中，可反射紫外線的成分

高爾夫球桿

眼鏡框

房屋牆面的光觸媒塗料

※照射到光就會分解汙垢的效果等。

變成合金後就會轉變個性！

1830年發現

23	Vanadium
	V
	釩ㄈㄢˊ
固體	

鉭 / 鉭 / 「釩鋼」非常堅硬

「釩鈦合金」輕巧又強韌

元素名稱由來：源自斯堪地那維亞神話中的女神「Vanadis」。

釩的單質是柔軟的金屬，但摻入鐵（26）中製成「釩鋼」合金後，會變得非常堅硬，具有極佳的耐磨性，常用於製作扳手等工具。此外，釩與鈦（22）的合金，既輕巧又強韌，且不易生鏽，是製造飛機的常用材料。

海洋生物海鞘體內存有大量濃縮的釩

扳手等工具

噴射發動機的製造材料

防鏽專家！

1797年發現

24	Chromium
Cr	
鉻	

固體

元素名稱由來：源自希臘語的「色彩（chroma）」。

鉻是耐摩擦又不易生鏽的金屬，因此被廣泛用於電鍍※。此外，鉻、鐵（26）、鎳（28）的合金「不鏽鋼」，之所以不易生鏽，是因為鉻在合金表面形成緻密的氧化膜，具有保護作用。

扳手等工具

祖母綠和紅寶石的成分

精密機械零件表面的電鍍材料

製成砝碼

製成鍋具、餐具等廚具

防鏽性強，具有保護作用

※在物體表面鍍上一層金屬。

海底有豐富蘊藏量

1774年發現

25	Manganese
Mn	
錳	

固體

元素名稱由來：從「Manganous（現在的軟錳礦）」的礦石中發現而得名。

錳是一種雖然很硬，卻也很脆，容易碎裂的金屬。但摻入鐵（26）中製成「錳鋼」後，具有極佳的耐撞擊性和耐磨耗性，用途廣泛。現已發現海底蘊藏大量含有錳、鐵等金屬成分的礦物，這種礦物稱為「海底錳核」。

堅硬但又很脆

鹼性電池※的成分

乾電池的成分

建築材料「鋼筋」

海底礦物

「錳鋼」堅硬耐撞擊

※正確名稱是碳鋅電池。

137

全世界用量最大的金屬！

26	Iron

Fe

鐵_{ㄊㄧㄝˇ}

鐵（ㄊㄧㄝˇ）

發現年不明

固體

H																	He
Li	Be											B	C	N	O	F	Ne
Na	Mg											Al	Si	P	S	Cl	Ar
K	Ca	Sc	Ti	V	Cr	Mn	Fe	Co	Ni	Cu	Zn	Ga	Ge	As	Se	Br	Kr
Rb	Sr	Y	Zr	Nb	Mo	Tc	Ru	Rh	Pd	Ag	Cd	In	Sn	Sb	Te	I	Xe
Cs	Ba		Hf	Ta	W	Re	Os	Ir	Pt	Au	Hg	Tl	Pb	Bi	Po	At	Rn
Fr	Ra		Rf	Db	Sg	Bh	Hs	Mt	Ds	Rg	Cn	Nh	Fl	Mc	Lv	Ts	Og
		La	Ce	Pr	Nd	Pm	Sm	Eu	Gd	Tb	Dy	Ho	Er	Tm	Yb	Lu	
		Ac	Th	Pa	U	Np	Pu	Am	Cm	Bk	Cf	Es	Fm	Md	No	Lr	

元素名稱由來：源自凱爾特古語的「神聖的金屬」。

現今普遍認為，如果以地球整體而言，地球上最多的元素是鐵。雖然鐵有容易生鏽的缺點，但價格便宜、容易取得、容易加工的優點，讓鐵成為當今世界上用量最大、使用範圍最廣的金屬材料。鐵最大的特徵是，可以藉由調整添加物的種類和比例來改變性質。舉例來說，含有少量碳元素（6）的鐵稱為「鋼」，而在「鋼」裡摻入鉻（24）或錳（25）等不同元素後，能夠有效提高鋼鐵的性能。此外，人體中的鐵，則肩負將「氧」運送到全身各處的重要工作。

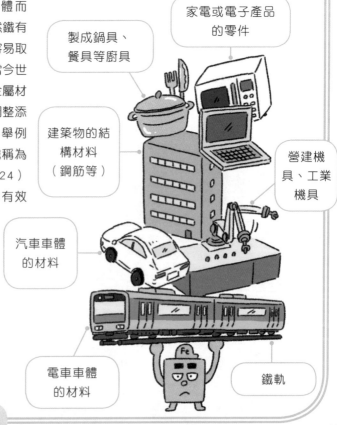

家電或電子產品的零件

製成鍋具、餐具等廚具

建築物的結構材料（鋼筋等）

營建機具、工業機具

汽車車體的材料

電車車體的材料

鐵軌

使用度第1名的金屬！

138

極少數可以變成磁鐵的珍貴物質！

1735年發現

27 Cobalt
Co
鈷《

固體

元素名稱由來：德國民間傳說中的妖精「Kobold」。

鈷是除了鐵（26）和鎳（28）以外，極少數具有鐵磁性※的物質之一，常被用來製造磁鐵。鈷若做成合金就會變得堅固又耐用。鈷與氯（17）的化合物「氯化亞鈷」，乾燥時為藍色，吸收水分後轉為粉紅色，因此常添加進乾燥劑中，藉此判斷是否受潮。

電腦硬碟中的零件

繪圖顏料鈷藍色的成分

眼藥水的有效成分

乾燥劑的顏色指示劑

永久磁鐵的原料

鐵磁性物質

※具有磁性，可吸住磁鐵的物質。

引發金屬過敏的原因之一

1751年發現

28 Nickel
Ni
鎳

固體

元素名稱由來：德語的「銅之惡魔（Kupfernickel）」。

鎳和鈷（27）一樣，是少數具有鐵磁性的物質。很久以前，有一種外型與銅礦相似的鎳礦，礦工發現這種礦石後，誤以為是銅礦，但卻怎樣都提煉不出銅來，當時人們認為是惡靈作祟，而稱這種鎳礦石為銅之惡魔。此外，在鐵（26）中加入鉻（24）和鎳，可製成不鏽鋼，用途極廣。然而，鎳也有容易引發金屬過敏的缺點。

製成鍋具、餐具等廚具

噴射發動機的渦輪葉片

充電電池的原料

硬幣的原料

不容易生鏽喔

在鐵中加入鉻和鎳，可製成「不鏽鋼」

僅次於鐵，全世界用量第二多的金屬！

29 Copper

Cu

銅_{ㄊㄨㄥˊ}

發現年不明

固體

H																	He
Li	Be											B	C	N	O	F	Ne
Na	Mg											Al	Si	P	S	Cl	Ar
K	Ca	Sc	Ti	V	Cr	Mn	Fe	Co	Ni	Cu	Zn	Ga	Ge	As	Se	Br	Kr
Rb	Sr	Y	Zr	Nb	Mo	Tc	Ru	Rh	Pd	Ag	Cd	In	Sn	Sb	Te	I	Xe
Cs	Ba		Hf	Ta	W	Re	Os	Ir	Pt	Au	Hg	Tl	Pb	Bi	Po	At	Rn
Fr	Ra		Rf	Db	Sg	Bh	Hs	Mt	Ds	Rg	Cn	Nh	Fl	Mc	Lv	Ts	Og
		La	Ce	Pr	Nd	Pm	Sm	Eu	Gd	Tb	Dy	Ho	Er	Tm	Yb	Lu	
		Ac	Th	Pa	U	Np	Pu	Am	Cm	Bk	Cf	Es	Fm	Md	No	Lr	

元素名稱由來：古代銅的生產地「賽普勒斯島（拉丁語為Cuprum）」。

銅自古以來就出現在人類的生活中。銅的顏色偏紅，並帶有金屬光澤，但置於空氣中一段時間後，表面會因氧化而變得黯淡無光。銅在金屬中，導電性和導熱性僅次於銀（47），價格又便宜，再加上對人體無害（甚至有抑菌效果）等優點，讓銅成為使用範圍極廣的金屬材料。銅也常做成合金使用，例如：容易加工的黃銅「銅鋅（30）合金」、堅固耐用的青銅「銅錫（50）合金」等，都是常見的銅合金。

導電性和導熱性極佳

電子產品的零件

電線或電纜中的銅線

製成鍋具、餐具等廚具

銅管樂器

獎牌（銅牌）

5日圓硬幣（黃銅幣）

10日圓硬幣（青銅幣）

樂器小號和法國號的製作材料

1746年發現

30	Zinc

Zn

鋅ㄒㄧㄣ

固體

元素名稱由來：德語的「zink（叉子的前端）」（有諸多說法）。

鋅由於顏色和形狀似鉛，故又稱為亞鉛。在鐵板（26）表面鍍一層鋅，有防鏽、防蝕的作用，這種「鍍鋅鐵板」是常見的鐵皮屋頂材料。此外，鋅與銅（29）的合金「黃銅」也是製作小號和法國號等銅管樂器的材料。

化妝品「粉底」中的白色顏料

乾電池的電極（負極）

鐵水桶的表面鍍鋅

5日圓硬幣（黃銅幣）

銅管樂器

鍍鋅可保護鐵板不生鏽

握在手中就會熔化的金屬

1875年發現

31	Gallium

Ga

鎵ㄐㄧㄚ

固體

元素名稱由來：發現者的祖國「法國」的拉丁語「Gallia」。

鎵是一種稀有金屬，雖然「在常溫時是固體」，但由於熔點※只有約30℃，人體的體溫輕易就能將它熔化成液體。鎵與砷（33）的化合物「砷化鎵」具有半導體的性質，是常用的LED（發光二極體）材料之一。

積體電路的材料

超過30℃就會開始熔化

紅綠燈的LED

※固體開始熔解成液體時的溫度。

「稀有金屬（Rare metal）」是日本經濟和產業界的常見用詞，相對於鐵、銅等產量高的普通金屬被稱為「基本金屬（Base metal）」，銦、鎢等47種產量稀少的元素在日本則統稱為「稀有金屬」（請參閱下方週期表）。日本對於稀有金屬的定義是「地殼中含量稀少的元素」或「很難將它從礦石中分離或提煉出來的元素」，並同時符合「對於經濟與產業發展有重大影響，必須確保供貨穩定的重要原料」之條件。換句話說，稀有金屬的判斷標準並不是元素的化學性質，而是它對於產業發展的重要性。先前在135頁所介紹的「稀土元素」也歸類在稀有金屬之中（47種稀有金屬中包含了17種稀土元素）。

稀有金屬的應用範圍非常廣，生活中處處都有它們的蹤跡，例如：「鋰（原子序3）」是手機電池的重要原料；「銦（49）」是液晶面板的必須原料；「鉭（73）」常用於製造電子零件等，日常生活中許多產品都會用到稀有金屬。其他還有像是汽車、飛機、太陽能電池和醫療儀器等，可以說，這些稀有金屬的存在支撐了整個產業的發展。因此，稀有金屬的來源幾乎都依賴進口的日本，為了確保供貨穩定，甚至規定了稀有金屬的最低儲備量，以備不時之需。

而與此同時，資源稀缺的日本也透過「礦產探勘、技術研發」等方法，努力開發獲取稀有金屬的途徑，近年來也成功在海底發現稀有金屬的礦產資源。或許有一天，日本也能成為稀有金屬出口國也說不定。

稀有金屬的種類

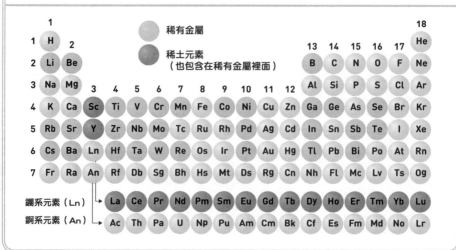

出場機會驟減，逐漸失去舞台～

1886年發現

32 Germanium

Ge

鍺

固體

元素名稱由來：發現者的祖國「德國」的古名「Germania」。

鍺與矽（14）一樣，都是具有半導體性質的材料。過去經常用鍺來製造電子產品的零件，隨著性能更好的半導體材料「矽」的興起，近年來鍺的地位已逐漸被取代。

半導體性能方面，矽更具優勢

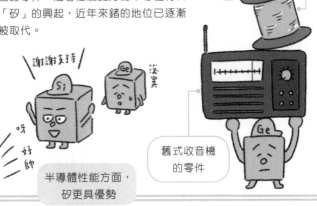

DVD記錄層的鍍膜材料

光纖製程中的添加劑

舊式收音機的零件

毒藥的代名詞

13世紀發現

33 Arsenic

As

砷

固體

元素名稱由來：希臘語的黃色顏料「雄黃（arsenikon）」。

砷有劇烈毒性。藻類食物「羊栖菜」和「海帶」，都屬於含砷量較多的食物，不過以一般日常食用量而言，並不會有中毒的疑慮。在工業應用方面，砷與鎵（31）的化合物「砷化鎵」是常用的LED材料之一。

砷有劇烈毒性

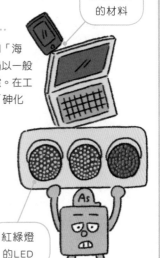

積體電路的材料

紅綠燈的LED

光線決定我的導電性！

1817年發現

34	Selenium
Se	
硒 T	
固體	

元素名稱由來：源自希臘語的「月亮（selene）」。

硒是人體必需的微量元素之一，嚴重缺乏時可能會導致貧血或心臟衰竭。不過，若補充過量的硒，反而會引起中毒。硒只要照射到光，就會變得很容易導電（光電導性），因此常用來當作影印機的感光材料。

繪圖顏料「鎘黃色」的成分

影印機的感光材料（感光鼓）

只要照射到光就會導電

喜歡拍照的元素

1825年發現

35	Bromine
Br	
溴 T	
液體	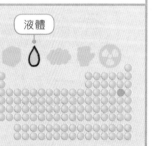

元素名稱由來：源自希臘語的「惡臭（bromos）」。

溴與汞（80）是唯二在常溫下呈液態的元素，溴會散發令人不舒服的臭味，有劇毒性。溴與銀（47）的化合物「溴化銀」是底片或相紙常用的感光材料，在日文中，用溴化物的英文「Bromide」來稱呼明星寫真卡。

用來製造農藥或醫藥品等化學製品

傳統底片相機的底片或X光片上的感光乳劑

在常溫下呈液態的2種元素

散發刺鼻臭味

地球上最稀有的氣體！

1898年發現

36 Krypton

Kr

氪 <small>ㄎㄜˋ</small>

氣體

元素名稱由來：源自希臘語的「被隱藏的（kryptos）」。

氪是惰性氣體的成員之一，很難發生化學反應。氪是地球上含量最少的氣體。由於氪氣比氬氣（18）更不容易導熱，用氪氣來充填燈泡可提升發光效率，延長燈泡壽命。

照相機的閃光燈或白熾燈泡中的填充氣體

在地球上極其稀有

很難發生反應

靜悄悄

電視台計時也採用銣原子鐘！

1861年發現

37 Rubidium

Rb

銣 <small>ㄖㄨˊ</small>

固體

元素名稱由來：源自拉丁語的「深紅色（rubidus）」。

銣的單質是非常柔軟的金屬，放入水中會產生劇烈反應。世界上有數種原子鐘，其中利用銣原子計時的銣原子鐘，精確度為每10萬年誤差不超過1秒。某些日本電視台也採用銣原子鐘計時。

人造衛星也搭載了原子鐘

銣原子鐘

質地非常柔軟

碰到水會劇烈反應

可以用來鑑定岩石形成的年代

145

豔麗的紅色煙火都靠它！

1790年發現

38 Strontium # Sr 鍶ㄙ 固體 	元素名稱由來：從「菱鍶礦（strontianite）」的礦石中發現而得名。 鍶是柔軟的銀白色金屬。鍶的化合物在燃燒時，會發出豔紅色火焰。「銣—鍶定年法」是利用放射性元素半衰期計算年代的方法，常用於鑑定岩石形成的年代等。

紅色煙火的成分

發焰筒（訊號彈）

鑑定岩石形成的年代

燃燒時火焰為紅色

雷射的來源！

1794年發現

39 Yttrium # Y 釔ㄧˇ 固體	元素名稱由來：以發現地點瑞典的「伊特比村（Ytterby）」命名。 伊特比4兄弟之一的釔元素（請見左頁專欄），是柔軟的金屬，在空氣中很容易氧化。「釔鋁（13）石榴石晶體」是固體雷射器的常用介質，可發出強力雷射光束，廣泛應用於醫療或工業用雷射上。

醫療用雷射

工業用雷射

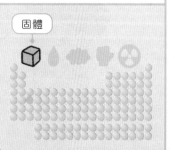
雷射的介質材料

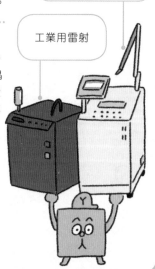

「伊特比（Ytterby）」位於瑞典首都斯德哥爾摩的郊外，是一座因元素而聲名大噪的村落。週期表上有高達4種元素都是以「伊特比村」來命名，由此可知它在化學界的名氣之高。

這4種元素依序是：釔（原子序39）、鋱（65）、鉺（68）、鐿（70）。詳細發現過程先略過不談，總之，這個村子開採到一種黑色礦石「矽鈹釔礦（Gadolinite，即加多林礦）」，科學家從這種礦石中發現了這4種元素，便以此村莊的名字為元素命名。

順帶一提，除了上述4種元素，後來科學家又陸陸續續在矽鈹釔礦石中發現其他新元素，總共有10種元素都是在這種礦石中發現，而礦石本身也因此變得非常有名。

包覆核燃料都靠它！

1789年發現

40 Zirconium

Zr

鋯《
ㄍㄠˋ

固體

元素名稱由來：從「鋯石（Zirkon）」中發現而得名。

鋯是自然金屬中最不易吸收中子的，因此鋯合金是核子反應爐中，用來包覆核燃料的理想材料。此外，含有鋯成分的陶瓷非常堅硬，是常見的刀具材質。

陶瓷刀、陶瓷剪刀的原料

人造鑽石的一種（鋯石）

核燃料的包覆材料

…中子

堅 堅

不易吸收中子

磁浮列車少不了它！

1801年發現

41	Niobium
Nb	
鈮ㄋㄧˊ	

固體

元素名稱由來：希臘神話中坦塔羅斯（Tantalus）的女兒「尼俄柏（Niobe）」。

鈮在零下約264℃時會轉變成超導狀態，日本的磁浮新幹線和MRI中的超導磁鐵線圈，就是利用鈮在極低溫時會變成超導體的特性製造而成。

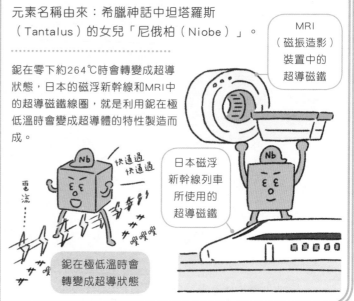

MRI（磁振造影）裝置中的超導磁鐵

日本磁浮新幹線列車所使用的超導磁鐵

鈮在極低溫時會轉變成超導狀態

要比耐熱，我有自信！

1778年發現

42	Molybdenum
Mo	
鉬ㄇㄨˋ	

固體

元素名稱由來：源自希臘語的「鉛（molybdos）」。

鉬是質地堅硬且熔點非常高的金屬。鉬和鐵（26）製成的「鉬鋼」是一種高強度合金，具有極佳的耐熱性和耐撞擊性。鉬也是人體必需的微量元素之一，一般人從日常飲食中即可獲取足夠的鉬元素。

「鉬鋼」超級耐熱

白熾燈泡內的零件

飛機引擎的零件

扳手等工具

汽車的零組件

史上第一個人造元素！

1937年發現

43	Technetium
Tc	
鎝 ㄊㄚˋ	

固體 | 人造 | 放射性

元素名稱由來：源自希臘語的「人造（technetos）」。

鎝為放射性元素，因壽命較短，無法穩定存在於自然界，於是科學家們相繼挑戰以人工合成方式製造出鎝元素，鎝也因此是史上第一個人造元素。此外，鎝也是癌症檢查常用的放射性診斷藥。

釋出游離輻射並衰變為其他元素

醫療放射線檢查用的放射性診斷藥

電腦硬碟中的重要角色！

1844年發現

44	Ruthenium
Ru	
釕 ㄌㄧㄠˇ	

固體

元素名稱由來：發現者的祖國「俄羅斯」的古名「Ruthenia」。

釕的質地硬而脆，但耐蝕性極強，與鉑（78）具有相似的化學性質。釕也是電腦硬碟的材料，可增加硬碟的記錄容量。此外，在野依良治博士獲頒2001年諾貝爾化學獎的研究中，使用釕化合物作為催化劑。

堅硬但又很脆

鋼筆筆尖前端的「銥粒」

電腦硬碟中圓形碟片上的記錄層

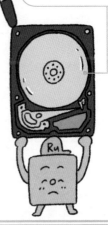

閃爍耀眼光芒！1803年發現

1803年發現

45	Rhodium
Rh	
銠 ㄌㄠ	
固體	

※可加速化學反應的物質，又稱催化劑。

元素名稱由來：源自希臘語的「玫瑰（rhodon）」。

銠的質地堅硬，且耐蝕性、耐磨性俱佳，並具有強烈光澤。因此，常用於裝飾品的表面電鍍。此外，銠也應用於汽車排氣管中的觸媒※轉化器，可加速分解有害氣體，達到淨化排氣的作用。

眼鏡框的表面電鍍

飾品、首飾的表面電鍍

汽車的排氣淨化裝置（觸媒轉化器）

閃閃生輝，具有美麗光澤

吸收本身體積900倍的氫氣！！

1803年發現

46	Palladium
Pd	
鈀 ㄅㄚ	
固體	

元素名稱由來：1802年發現的小行星「智神星（Pallas）」。

鈀是耐蝕性強，並具有光澤的金屬元素。鈀可以吸收自己體積900倍以上的氫氣，是絕佳的儲氫物質，可望在未來的環保綠能上大受重用。此外，鈀和銠（45）一樣，可用於淨化汽車排放的廢氣。

飾品、首飾的材料

修補牙齒的材料

汽車的排氣淨化裝置（觸媒轉化器）

氫氣 吸

鈀可吸收自己體積900倍以上的氫氣

導電率NO.1的金屬！

47	Silver

Ag
銀ㄣ

發現年不明

固體

H																	He
Li	Be											B	C	N	O	F	Ne
Na	Mg											Al	Si	P	S	Cl	Ar
K	Ca	Sc	Ti	V	Cr	Mn	Fe	Co	Ni	Cu	Zn	Ga	Ge	As	Se	Br	Kr
Rb	Sr	Y	Zr	Nb	Mo	Tc	Ru	Rh	Pd	Ag	Cd	In	Sn	Sb	Te	I	Xe
Cs	Ba		Hf	Ta	W	Re	Os	Ir	Pt	Au	Hg	Tl	Pb	Bi	Po	At	Rn
Fr	Ra		Rf	Db	Sg	Bh	Hs	Mt	Ds	Rg	Cn	Nh	Fl	Mc	Lv	Ts	Og
		La	Ce	Pr	Nd	Pm	Sm	Eu	Gd	Tb	Dy	Ho	Er	Tm	Yb	Lu	
		Ac	Th	Pa	U	Np	Pu	Am	Cm	Bk	Cf	Es	Fm	Md	No	Lr	

元素名稱由來：源自盎格魯-撒克遜語的
「銀（sioltur）」。

銀是人類史上很早就發現的元素之一，具有美麗的金屬光澤，自古以來就被當成貨幣、餐具、珠寶飾品使用。銀在所有金屬中最容易導電，也因此成為積體電路的材料之一。此外，銀具有極高的反射率，也用於製作鏡子（在玻璃上鍍銀，以反射光線）。銀還具有抑菌除臭的效果，是止汗噴霧的成分之一。在過去底片相機時代，銀與溴（35）的化合物「溴化銀」是底片常用的感光材料。

止汗噴霧中的殺菌成分

積體電路零件的電鍍材料

傳統底片相機的底片或X光片上的感光劑

貨幣的原料

銀製餐具

獎牌（銀牌）

製成鏡子

電流

謝啦

Ag

導電性排名第一的金屬

Ag

閃亮

可將光線反射回去

Ag

2位

Ag

飾品、首飾的材料

痛痛病的原因！

1817年發現

48	Cadmium
Cd	
鎘《さ》	
固體	

元素名稱由來：腓尼基神話中的王子「卡德摩斯（Cadmus）」（有諸多說法）

鎘是柔軟的金屬，當作電鍍材料使用時，具有極佳的防鏽效果。此外，鎘也是鎳鎘電池的電極材料。鎘對人體有毒，世界第一起病例發生在日本富山縣神通川流域出現的公害病「痛痛病」，就是慢性鎘中毒所引起。而臺灣首起案例是發生在1982年桃園鎘米事件。

螺栓等緊固件的電鍍材料

繪圖顏料「鎘黃色」的成分

鎳鎘電池的電極材料

具有毒性

其實我們生活中常常看到它！

1863年發現

49	Indium
In	
銦ぅ	
固體	

元素名稱由來：發現時的光譜顏色「藍色（Indicum）」。

銦是柔軟的金屬，具有毒性。銦、錫（50）和氧（8）的化合物「銦錫氧化物（ITO）」鍍成薄膜時，同時具有如玻璃般透明，又如金屬般可導電的特性，是製造電視等液晶螢幕時，理想的電極材料。

手機螢幕的材料

觸控螢幕的材料

電視螢幕的材料

請過　電流

咻咻咻

銦錫氧化物的薄膜，具透明導電性質

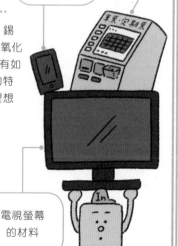

存在感越來越低

發現年不明

50 Tin **Sn** 錫_{ㄒㄧ}	元素名稱由來：Sn源自拉丁語的「鉛與銀的合金（stannum）」。

固體

錫的毒性低，且不易生鏽，是相對來說熔點較低的金屬。錫與銅（29）的合金「青銅」，自古以來便廣為人們所利用。此外，表面鍍有錫的鐵片（26）稱為「馬口鐵」。錫與鉛（82）的合金則被當成「焊料（焊錫）」，用來焊接電路板上的電子元件。

焊料（焊錫）

5角硬幣

「馬口鐵」製成的罐頭容器和玩具

銅像

找來單你　謝謝你

鍍錫鐵片有防鏽效果

防火專家！

發現年不明

51 Antimony **Sb** 銻_{ㄊㄧˊ}	元素名稱由來：源自希臘語的「討厭孤獨（antimonos）」（有諸多說法）

固體

銻是人類史上很早就發現的元素之一，具有光澤，質脆易碎，且毒性強烈。在古代被當作眼影的原料使用（現在是禁用成分）。銻與氧（8）的化合物「三氧化二銻」可作為阻燃劑添加在纖維或塑膠中，使之不易燃燒。

古代眼影的原料

DVD記錄層的鍍膜材料

防火窗簾

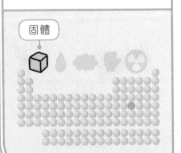

添加三氧化二銻，可使物品不易燃燒

蒜頭臭味！？

1782年發現

52　Tellurium

Te

碲_{ㄉㄧˋ}

固體

元素名稱由來：源自拉丁語的
「地球（tellus）」。

碲元素的發現者和命名者是不同人，為碲命名的人是鈾元素（92）的發現者，因此他便延用鈾的命名方式，以行星的名字為碲元素命名※。碲具有毒性，人體若攝入碲，經過代謝後，身體會散發出強烈的蒜頭臭味。此外，碲、鍺（32）、銻（51）合金是DVD記錄層的材料。

具有毒性

小型電冰箱中的致冷元件材料

DVD記錄層的鍍膜材料

※直到１７９８年才正式為碲元素命名。

日本是產碘大國！

1811年發現

53　Iodine

I

碘_{ㄉㄧㄢˇ}

固體

元素名稱由來：源自希臘語的
「紫色（ioeides）」。

碘是帶有黑色光澤的固體。因具有殺菌作用，在許多漱口藥水或消毒藥水中，都含有碘的成分。此外，碘也是人體必需的微量元素之一。在資源稀缺的日本，碘的生產量很難得高居世界第2（第1是智利）。

退散——!!

海帶等藻類中含有大量碘

漱口藥水的成分

具有殺菌力

小行星探測器「隼鳥號」的動力來源！

1898年發現

54　Xenon
Xe
氙ㄒㄢ

氣體

很難發生反應

在氙氣中放電
會發出藍白光

元素名稱由來：源自希臘語
的「陌生的（xenos）」。

氙和氖（10）等第18族元素一樣，都是惰
性氣體的成員，很難發生化學反應。
利用在氙氣中施加電壓就會放電
發光的性質，近年來「氙氣燈」也應用
在汽車大燈上。此外，小行星探測器「隼
鳥號」所搭載的離子引擎就是以氙氣為推
進劑。

隼鳥號、
隼鳥2號搭載
的離子引擎

日晒機
的光源

汽車大燈

時間的制定者！

1860年發現

55　Caesium
Cs
銫ㄙㄜ

固體

元素名稱由來：源自拉丁語
的「藍天（caesius）」。

銫和鈉（11）等第1族元素，都是鹼金屬的成
員。銫的熔點只有約28℃，人體的體溫輕易
就能將它熔化成液體。此外，銫也是原子鐘
使用的元素之一，銫原子鐘的精確度高達每
2000萬年誤差不超過1秒，因而成為時間單
位「秒」的定義標準。

銫原子鐘

成為時間的計量標準

…… 1秒到了

基本上有毒

1808年發現

56 Barium

Ba

鋇

固體

元素名稱由來：源自希臘語的「重的（barys）」。

鋇是活性高的金屬，在空氣中很容易氧化。雖然鋇有強烈毒性，但進行胃部Ｘ光檢查時喝的顯影劑「硫酸鋇」（一種Ｘ光無法穿透，可顯現胃部形狀的藥劑），因不被腸胃道吸收，對人體不會造成危害。鋇化合物在燃燒時，會發出綠色火焰，是煙火的原料之一。

具有毒性　　綠色焰色反應

綠色煙火的成分

胃部Ｘ光檢查的顯影劑

鑭系元素的第一棒

1839年發現

57 Lanthanum

La

鑭

固體

元素名稱由來：源自希臘語的「隱藏（lanthanein）」。

週期表中鑭到鎦之間，性質相似的15個元素稱為「鑭系元素」，鑭是其中的第一棒。玻璃中添加鑭，可製造出高折射率的光學玻璃。此外，鑭與鎳（28）的合金可吸收氫氣，其儲氫性質被應用於製造鎳氫電池。

氫氣

相機鏡頭

油電混合動力車的電池

可吸收氫氣

對抗紫外線找它就對了！

1803年發現

58	Cerium
Ce	
鈰	

固體

元素名稱由來：1801年發現的小行星「穀神星（Ceres）」。

鈰是地殼中含量最豐富的「鑭系元素」。鈰與氧（8）的化合物「氧化鈰」能夠強力吸收紫外線，因此成為汽車玻璃中的添加劑。同時，氧化鈰也是良好的觸媒，可淨化汽車排放的廢氣。

氧化鈰具有吸收紫外線的效果

太陽眼鏡的鏡片

汽車車窗、擋風玻璃

汽車的排氣淨化裝置（觸媒轉化器）

老實說用途不多！

1885年發現

59	Praseodymium
Pr	
鐠	

固體

元素名稱由來：源自希臘語的「藍綠色（prasisos）」和「雙胞胎（didymos）」。

鐠與排在它後面的釹（60）是在相同物質中發現的，這便成了鐠的元素名稱「Praseodymium」的由來。此外，添加鐠元素的玻璃具有吸收藍光的功能，因此被用來製造焊接專用護目鏡。

我們是雙胞胎

鐠和釹是在相同物質中發現的

鐠黃（陶瓷釉藥）

焊接專用護目鏡的鏡片

最強的磁鐵！

1885年發現

60	Neodymium
Nd	
釹	

固體

元素名稱由來：源自希臘語的「新的（neo）」和「雙胞胎（didymos）」。

釹、鐵（26）、硼（5）三元素製成的磁鐵稱為「釹磁鐵」，是目前市面上磁力最強的永久磁鐵。順帶一提，釹磁鐵是1982年由日本人※所發明。這種強力釹磁鐵廣泛應用於汽車馬達等各種產品中。

耳機裡的揚聲器

電腦的硬碟

釹磁鐵的磁性非常強

油電混合動力車的馬達

手機的震動馬達

壽命短，很快就會衰變～

1947年發現

61	Promethium
Pm	
鉕	

固體　人造　放射性

以人造方式誕生了

元素名稱由來：希臘神話中的神祇「普羅米修斯（Prometheus）」。

鉕在自然界僅有微量存在，是人工合成的元素之一。鉕和鎝（43）一樣都是放射性元素，壽命短、無法穩定存在；衰變時會釋出游離輻射（放射線）。過去曾經當成夜光塗料使用，但因安全問題，現已不再使用。

曾經是鐘錶盤面上使用的夜光塗料

釋出游離輻射並衰變為其他元素

上一代最強磁鐵！

1879年發現

62 Samarium

Sm

釤_ㄕ

固體

元素名稱由來：從「鈮釔礦（samarskite）」中發現而得名。

釤最主要的用途是製成磁鐵。釤、鈷（27）合金所製成的磁鐵曾是全世界最強的磁鐵，直到「釹磁鐵」問世後，才退讓寶座。然而，釤鈷磁鐵具有在高溫中也能保有磁性、不易生鏽等優點，在某些領域中依然是無法取代的材料。

風力發電機的馬達

早期（1980年代）的Walkman卡帶隨身聽

手錶的零件

電吉他拾音器的零件

釤鈷磁鐵曾經是全世界最強的磁鐵

在黑暗中發光！

1896年發現

63 Europium

Eu

銪_{ㄧㄡˇ}

固體

元素名稱由來：以發現地點「歐洲（Europe）」命名。

銪主要當作螢光材料使用。夜光塗料成分中的鏑（66）在光線充足時，會吸收光能儲存起來，當外界變暗時，成分中的銪便將光能釋放出來，可在黑暗中發光的「緊急出口」等標示就是利用這個原理製成。此外，銪也是明信片專用隱形墨水的材料。

傳統映像管電視的螢光體

逃生標示的夜光塗料

明信片專用隱形墨水

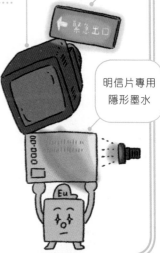

鏑吸收並儲存光能，銪受激發而發光

具有磁性的珍貴元素

1880年發現

64 Gadolinium
Gd
釓ㄍㄚˋ

固體

元素名稱由來：紀念芬蘭的礦物學家「約翰‧加多林（Johan Gadolin）」。

釓是極少數在常溫時具有鐵磁性的珍貴金屬。釓的鐵磁性也應用在MRI磁振造影（利用磁力掃描人體內部結構的儀器），MRI檢查時注射的顯影劑就含有釓離子。此外，釓還具有容易吸收中子的特性。

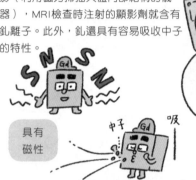

> MD磁光碟（MO disc，1990年代日本盛行的儲存媒體）的材料

> MRI檢查用的顯影劑（使檢查產生的影像對比更清晰）

具有磁性

吸收中子的能力很強

會因磁場而伸縮變形的稀有元素

1843年發現

65 Terbium
Tb
鋱ㄊㄜˋ

固體

元素名稱由來：以發現地點瑞典的「伊特比村（Ytterby）」命名。

鋱是伊特比4兄弟之一（請見P147介紹）。鋱具有會受磁力影響而伸縮變形的特殊性質（此種現象稱為磁致伸縮）。鋱與鐵（26）、鏑（66）製成合金後，磁致伸縮效應會變得更明顯。

> 電動輔助腳踏車的感測器

> 彩色印表機的噴頭（印字頭）

> 傳統映像管電視的發光體

會因磁力而伸縮變形

緊急疏散時的救命明燈！

1886年發現

66 Dysprosium
Dy
鏑ㄉㄧ

固體

元素名稱由來：源自希臘語的「難以取得（dysprositos）」。

科學家剛發現鏑元素時，費盡千辛萬苦都無法將鏑的單質從礦物中分離出來，這也成為鏑的命名由來。鏑能夠吸收光能並儲存起來，是蓄光型夜光塗料的常見成分。此外，在釹磁鐵中添加鏑，可提高釹磁鐵的耐熱溫度。

電動輔助腳踏車的感測器

逃生標示的夜光塗料

汽車引擎的零件

鏑可吸收並儲存光能

鏑可提升釹磁鐵的耐熱性能

減輕病人痛苦與負擔的雷射手術刀！

1879年發現

67 Holmium
Ho
鈥ㄏㄨㄛˇ

固體

元素名稱由來：瑞典首都斯德哥爾摩的古名「Holmia」。

鈥是質地稍軟的銀白色金屬，在空氣中表面會因氧化而帶有黃色暗沉。鈥雷射是醫用雷射手術刀的一種，跟其他雷射光相比，鈥雷射的發熱量少，手術時可達到「切開」組織，同時「止血」的效果，大大減低病人的負擔。

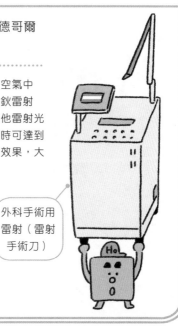

外科手術用雷射（雷射手術刀）

對人體安全性極高的雷射手術刀

光纖中的最佳助跑員！

1843年發現

68	Erbium
Er	
鉺ㄦ	

元素名稱由來：以發現地點瑞典的「伊特比村（Ytterby）」命名。

鉺是伊特比4兄弟之一（請見P147介紹）。光纖是現代通訊不可或缺的設備，然而，在長距離傳輸過程中，光纖中的光訊號會逐漸衰減。後來科學家發現，只要在光纖中摻入鉺離子，就能有效放大光訊號，延長光纖通訊的傳輸距離。

固體

恢復衰減的光訊號

皮膚美容外科用雷射

光纖的材料

有沒有輻射，問它就知道！

1879年發現

69	Thulium
Tm	
銩ㄉㄡ	

元素名稱由來：斯堪地那維亞的古名「圖勒（Thule）」（今瑞典，有諸多說法）。

銩吸收游離輻射後，再予以加熱，就會釋放出磷光，「輻射劑量計※」便是利用這種特性製造出來的。此外，如同欽雷射（67），銩也是雷射手術常用的介質材料。

固體

銩經輻射照射後，再予以加熱，就會發光

輻射劑量計

外科手術用雷射（雷射手術刀）

什麼都切得斷！

1878年發現

70	Ytterbium
Yb	
鐿	
固體	

元素名稱由來：以發現地點瑞典的「伊特比村（Ytterby）」命名。

鐿是伊特比4兄弟之一（請見P147介紹）。摻鐿雷射可應用於多種材料加工，連鋼鐵等堅硬金屬都能輕易切開或鑽孔。此外，精確度高達每300億年誤差不超過1秒的「光晶格鐘」，其研發材料也有使用到鐿原子。

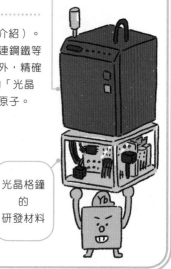

雷射切割加工機

光晶格鐘的研發材料

摻鐿雷射可輕易切斷鋼鐵等堅硬金屬

價格非常昂貴！

1907年發現

71	Lutetium
Lu	
鎦	
固體	

元素名稱由來：源自巴黎的古名「盧泰西亞（Lutetia）」。

鎦在地殼中的含量雖然比金（79）和銀（47）還多，但要將鎦分離提煉出來非常困難，所以鎦的價格非常高昂，也因此幾乎沒有應用在工業方面。目前鎦被應用在醫療領域，放射性同位素掃描（RI檢查）的儀器中就含有鎦元素。

核醫造影掃描儀器中的放射線偵測器

鑑定岩石形成的年代（鎦鉿定年法）

我就是這麼貴

比金和銀還昂貴

控 制 核 分 裂 !

1923年發現

72	Hafnium

Hf

鉿˙ㄏㄚˊ

固體

元素名稱由來：源自哥本哈根的拉丁名「哈夫尼亞（Hafnia）」。

鉿的化學性質與前一週期的同族元素「鋯（40）」非常相似。不過，兩者對於中子的反應截然相反，鉿具有高度吸收中子的能力，因此被用來製造核子反應爐的控制棒※。

吸收中子的能力很強

控制棒的材料

噴射發動機的渦輪葉片

其 實 很 多 機 器 裡 都 有 用 到 它 !

1802年發現

73	Tantalum

Ta

鉭˙ㄊㄢˇ

固體

元素名稱由來：希臘神話中的神祇「坦塔羅斯（Tantalos）」。

鉭的質地非常堅硬，但延展性佳，是極易加工的金屬。由於鉭不會與人體起反應，對人體無害，因此常用來製造人工關節或人工牙根等植入物。此外，鉭製成的電容※體積小卻有大容量，用途極為廣泛。

對人體親和性佳

人工牙根（植體）

人工髖關節的材料

家電或電腦等電子產品中的電子元件

世界上最耐熱的金屬！

1781年發現

74 Tungsten	
W	
鎢×	
固體	

元素名稱由來：源自瑞典語的「重石（tungsten）」。

鎢是非常堅硬且沉重的金屬，而且是所有金屬中熔點最高的。換句話說，鎢是最耐熱的金屬。再加上，鎢可進行精細加工，因此白熾燈泡中的燈絲通常為鎢絲。此外，鎢和碳（6）的化合物「碳化鎢」硬度非常高又堅硬耐磨。

金屬切削工具

原子筆的筆尖圓珠（超硬筆尖）

白熾燈泡中的燈絲

世界上最耐熱的金屬！

世界上最硬的金屬！

1925年發現

75 Rhenium	
Re	
錸ㄌㄞˋ	
固體	

元素名稱由來：「萊茵河」的拉丁語「Rhenus」。

錸在所有金屬中硬度最高，熔點也高居前三，是性能優異的金屬。然而，因其在地殼中非常稀有、價格高昂，目前僅使用於少數特殊用途。曾經有日本化學家宣布發現了第43號元素「Nipponium」，但種種證據都顯示該元素其實就是錸（請見P166介紹）。

超高溫用熱電偶素線

噴射發動機的渦輪葉片

世界上最硬的金屬！

2016年，元素週期表中首次加入了由日本取得命名權的元素「鉨（Nihonium）」。然而，鮮少人知道，其實早在100多年前就曾經出現過以日本命名的元素。

1908年，曾經留學英國的日本化學家小川正孝，正投入在礦物的分析研究中。既優秀又努力的小川，成功從礦石中分析出一種新元素，他認為就是當時尚未發現的第43號元素，並將其命名為「Nipponium（元素符號Np）」（日本素）。

但是，後來其他科學家經過反覆的實驗，都無法重現小川的研究成果，「Nipponium」的存在，而得不到驗證；小川的研究成果因此沒有受到承認，「Nipponium」從此消失在週期表上，成了曇花一現的元素。

後來，科學界才認知到第43號元素並不存在於自然界，直到1937年，才由義大利物理學家塞格雷（Emilio Segr）和佩里埃（Carlo Perrier）以人工合成方法製造出來，並以「鎝（Technetium）」之名加入元素週期表。這也是人類史上第一個人造元素。

然而，「Nipponium」本該是曇花一現的元素，卻在1990年代後半時有了轉機，種種證據都顯示出「小川發現的Nipponium其實就是第75號元素錸（元素符號Re）」（當時日本東北大學的吉

原教授，重新檢驗及分析小川所留下的實驗結果和資料後證實）。「錸」在週期表上，正是位於「鎝」下一週期的同族元素，1925年由德國研究團隊所發現。小川宣布發現「Nipponium」是在1908年，這代表其實小川更早就發現第75號元素了。換句話說，若當時技術再發達一點，小川宣布發現的是第75號元素，如今在週期表上的就不是「錸Rhenium（Re）」而是「Nipponium（Np）」也說不定呢。

↑ 小川正孝先生

166

名稱的由來有點可憐

1803年發現

76	Osmium
	Os
	鋨ㄜˋ
固體	

元素名稱由來：源自希臘語的
「臭味（osme）」。

鋨是銀色中帶點藍色的堅硬金屬。鋨與
氧（8）的化合物「四氧化鋨」具有強烈
的氣味，這種氣味也成為元素的命名由
來。鋨、銥（77）、釕（44）的合金不
僅非常堅硬，還具有耐酸鹼、耐腐蝕的
特性。

「四氧化鋨」具有強烈的氣味

鋼筆筆尖前端
的「銥粒」

黑膠唱機
的唱針

世界上最耐腐蝕的金屬！

發現年：1803年

77	Iridium
	Ir
	銥-
固體	

元素名稱由來：希臘神話中的
彩虹女神「伊麗絲（Iris）」。

銥在地球上是非常稀有的元素。銥的單質堅
硬，而且是所有金屬中最耐腐蝕的。連金（79）
和鉑（78）都能熔解的王水※也熔化不了銥，足以
說明銥抗腐蝕的能力之強。此外，曾經為長度及
質量單位標準的「國際公尺原器」和「國際公斤
原器」也是用鉑銥合金製成的。

堅硬

抗腐蝕能力超強

鋼筆筆尖前端
的「銥粒」

「國際公尺
原器」和
「國際公斤
原器」。

※由濃鹽酸和濃硝酸混合而成的超級強酸。

它的用途可不只是做珠寶飾品！

78	Platinum

Pt

鉑

發現年不明

固體

H																	He
Li	Be											B	C	N	O	F	Ne
Na	Mg											Al	Si	P	S	Cl	Ar
K	Ca	Sc	Ti	V	Cr	Mn	Fe	Co	Ni	Cu	Zn	Ga	Ge	As	Se	Br	Kr
Rb	Sr	Y	Zr	Nb	Mo	Tc	Ru	Rh	Pd	Ag	Cd	In	Sn	Sb	Te	I	Xe
Cs	Ba		Hf	Ta	W	Re	Os	Ir	Pt	Au	Hg	Tl	Pb	Bi	Po	At	Rn
Fr	Ra		Rf	Db	Sg	Bh	Hs	Mt	Ds	Rg	Cn	Nh	Fl	Mc	Lv	Ts	Og
		La	Ce	Pr	Nd	Pm	Sm	Eu	Gd	Tb	Dy	Ho	Er	Tm	Yb	Lu	
		Ac	Th	Pa	U	Np	Pu	Am	Cm	Bk	Cf	Es	Fm	Md	No	Lr	

元素名稱由來：源自西班牙語的「小的銀（platina）」。

鉑是美麗的銀白色金屬，稀有且昂貴，具優良的耐蝕性，廣受人們喜愛的鉑金飾品就是以鉑金屬製成。雖然鉑俗稱「白金」，不過與飾品常見的「K白金（White Gold，黃金（79）與其他金屬的合金）」是完全不同的東西。鉑也是良好的觸媒（催化劑），廣泛應用於工業領域。此外，鉑化合物在醫療領域可用於癌症治療，用途極為廣泛。

具優良的耐蝕性

化學反應

狂奔

可加速化學反應

稀有而昂貴

癌症的治療藥

「國際公尺原器」和「國際公斤原器」

汽車的排氣淨化裝置（觸媒轉化器）

飾品、首飾

永恆不朽的黃金光澤！

79 Gold

Au

金 ㄐㄧㄣ

發現年不明

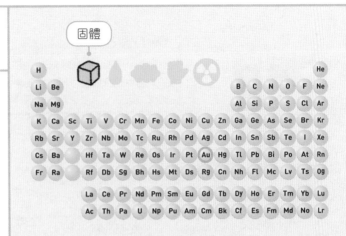

固體

元素名稱由來：元素符號源自拉丁語的「太陽光芒（Aurum）」。

金是人類史上很早就發現的元素之一。金的化學性質非常安定，耐蝕性極佳，因此經年累月下，表面的黃金光澤也完全不會褪色。同時，由於地殼中含量稀少，價格高昂，自古以來就被當作全世界流通的貨幣或珠寶飾品使用。此外，金的延展性強，非常容易加工，又兼具優良的導電性，是電子零件常用的電鍍材料。

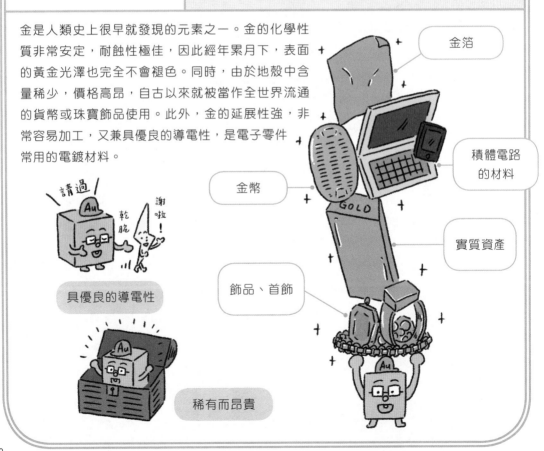

金箔

積體電路的材料

金幣

實質資產

飾品、首飾

具優良的導電性

稀有而昂貴

曾經廣泛出現在生活中

發現年不明

80 Mercury

Hg

汞ㄏㄨㄥˋ

液體

元素名稱由來：羅馬神話中的商業之神「墨丘利（Mercurius）」。

汞是自古以來就為人所知的元素。汞的表面張力很強，若潑灑出來會形成圓滾滾的球狀。汞具有許多優異的化學性質，因此廣泛應用在體溫計或電鍍材料等多種用途上，但1950年代日本熊本縣發生的公害「水俁病」就是汞中毒所引起，人們才開始重視起汞的毒性，大幅減少汞的使用。

消毒藥水中的殺菌成分

鮪魚等大型魚類的汞含量較其他魚類高

曾經是牙齒的主要填補材料

以前的水銀體溫計

螢光燈管內的水銀（汞）蒸氣

汞蒸氣具有毒性

滾動 聚集

形成球狀

以前的老鼠藥！

1861年發現

81 Thallium

Tl

鉈ㄊㄚ

固體

元素名稱由來：源自希臘語的「綠色嫩芽、嫩枝（thallos）」。

鉈是質地柔軟的金屬，有劇烈毒性。過去曾經當作老鼠藥使用，但因其劇毒性對人體同樣危險，現在已不再使用。鉈的放射性同位素是心臟掃描檢查常使用的藥物（用量極少，對人體沒有危害）。

曾經當作老鼠藥使用

鉈汞合金（熔點約60℃）應用於低溫溫度計

心肌血流檢查的使用藥物

質地柔軟

毒性強烈

可屏蔽游離輻射！

發現年不明

82	Lead
Pb	
鉛〈ㄢ	
固體	

元素名稱由來：Pb源自拉丁語的「鉛（plumbum）」。

鉛是自古以來就為人所知的元素，具有毒性。此外，X光等游離輻射（放射線）無法穿透鉛，因此在玻璃中摻入鉛，製成的「鉛玻璃」便具有屏蔽游離輻射的效果，廣為醫療院所使用。

釣魚用的「鉛錘」

以前曾是「自來水管」的材料

汽車電池

X光室

具有毒性

X光檢查室的窗戶玻璃

讓我過去啦

不行

可屏蔽游離輻射

美得讓人移不開眼的七彩光澤！

發現年不明

83	Bismuth
Bi	
鉍ㄅ	
固體	

元素名稱由來：源自拉丁語的「熔化（bisemutum）」（有諸多說法）。

鉍是自古以來就為人所知的元素。原本是銀白色的，表面形成氧化膜後，就會顯現出彩虹般的七彩光澤。鉍沒有毒性，不同於前一個元素鉛（82）和下一個元素釙（84）。鉍和鉛（82）、錫（50）等金屬的合金稱為伍德合金，是常見的低熔點合金之一。

無鉛銲料

止瀉藥

結晶具觀賞價值

天花板上的消防自動灑水器的金屬蓋材質就是「伍德合金」

嘩

含有這些元素的合金稱為「伍德合金」

地球上最稀少的元素！

1940年發現

85 Astatine

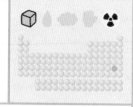

At

砈ㄝˋ

元素名稱由來：源自希臘語的
「不穩定（astatos）」。

砈為放射性元素，是所有天
然元素之中，存在量最少的
元素。砈的壽命很短，很快
就會衰變為其他元素，因此
幾乎都是以人工合成方式製
造。

很快就會衰變為其他元素。

超級危險的元素！

1898年發現

84 Polonium

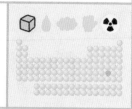

Po

釙ㄆㄛ

元素名稱由來：以發現者的祖國
「波蘭（Poland）」命名。

釙為放射性元素，並且有
劇烈毒性，是非常危險
的元素。發現者為波蘭
裔物理學家瑪麗・居禮※
（Marie Curie，1867-
1934）。因其危險性，目
前幾乎沒有商業應用。

※即聞名世界的「居禮夫人」。

博士的補充教室

～放射性元素～

　　「放射性元素」是指「會釋出放射
線（游離輻射）的元素」。簡單來說，
這種元素不穩定，會衰變、變化成其他
元素，並同時釋放出游離輻射。漫畫受
限於篇幅，只能簡單將「放射線（游離
輻射）」描寫成「對人體有害的東西」
（P97），但事實上這些放射線在某些
領域大有用處。以醫療領域為例，X光
檢查所使用的X射線，是醫生診斷病情
不可或缺的幫手。此外，鎝（原子序
43）則是心臟病或癌症檢查常用的診
斷藥，鎝釋出的伽瑪射線（γ射線）可
當作檢測分析病情的訊號。但是，要將

這些放射性元素應用在醫療上，首要前
提是，掌握正確使用方式，並且確保輻
射量必須低到不會對人體產生危害的程
度。

我在醫療領域
很活躍喔！

舊式夜光時鐘有用到它

1898年發現

88 Radium

Ra

鐳ㄌㄟˊ

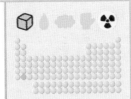

元素名稱由來：源自拉丁語的「放射線（radius）」。

鐳為放射性元素，會在黑暗中發光，因此很久以前曾被當作夜光塗料使用。鐳的發現者之一瑪麗．居禮為了研究，長年暴露在鐳的游離輻射下，最後因罹患血癌而逝世。

曾經當作夜光塗料使用。

或許就在溫泉裡

1900年發現

86 Radon

Rn

氡ㄉㄨㄥ

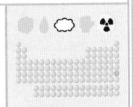

元素名稱由來：氡是由「鐳（Radium）」的衰變而產生，因而得名。

氡為放射性元素，和氖（10）等第18族元素一樣，都是惰性氣體的成員。氡是在鐳衰變的過程中產生的，這也成為氡的命名由來。此外，氡會溶於溫泉和地下水中。

溫泉的成分之一

錒系元素的開路先鋒

1899年發現

89 Actinium

Ac

錒ㄚ

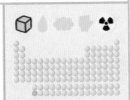

元素名稱由來：源自希臘語的「光線（aktis）」。

錒為放射性元素。週期表中錒到鐒之間，性質相似的15個元素稱為「錒系元素」。錒在自然界中非常稀有，僅微量存在於鈾礦中。錒目前沒有商業應用，幾乎只作研究用途。

鈾礦

以法國命名的元素！

1939年發現

87 Francium

Fr

鍅ㄈㄚ

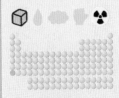

元素名稱由來：以發現者的祖國「法國（France）」命名。

鍅為放射性元素，是最後一個從自然界中發現的元素。鍅目前沒有商業應用，幾乎只作研究用途。發現者是法國女性化學家瑪格麗特．佩里（Marguerite Perey）。

瑪格麗特．佩里

它的存在猶如錒的父母！

1918年發現

91 Protactinium

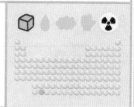

Pa

鏷<small>ㄆㄨˊ</small>

元素名稱由來：在錒（Actinium）的前面加上希臘語字首「原始的（protos）」。

鏷為放射性元素。不穩定的鏷在衰變後會轉變成錒（89），這也是鏷（Protactinium）的命名由來。鏷目前沒有商業應用，幾乎只作研究用途。

鏷衰變後會轉變成錒。

不知危險的使用了很久！

1828年發現

90 Thorium

Th

釷<small>ㄊㄨˇ</small>

元素名稱由來：從鈾釷石（Thorite）中發現，故以礦石名的由來「雷神索爾（Thor）」命名。

釷為放射性元素。當初發現釷元素時，人們還不知道世界上有放射性物質，只因為釷極佳的耐火性和發光性，就將它應用在很多地方，但近年來已避免使用。

露營用瓦斯燈的燈芯（燈蕊）

核能產業的支柱！

1789年發現

92 Uranium

U

鈾<small>ㄧㄡˊ</small>

固體　　放射性

元素名稱由來：1781年發現的行星「天王星（Uranus）」。

鈾為放射性元素。當中子撞擊鈾原子核時，就會發生核分裂連鎖反應，進而產生無可比擬的巨大能量。核分裂連鎖反應在嚴密控制下可用來發電，若讓此反應在一瞬間發生即為原子彈爆炸的原理。

中子

利用核分裂反應可產生巨大能量

核子武器

鈾玻璃的著色劑

核能發電的燃料

以美國命名的元素！

1945年發現

95	Americium	
Am 鋂		

元素名稱由來：週期表上排在銪的正下方，故做效其命名方式，以發現地「美洲大陸」命名。

鋂是人工合成的放射性元素。「離子式煙霧偵測器」就是利用鋂輻射出的α射線來偵測煙霧，但目前在日本並未核可上市。鋂以後的元素，皆以地名或人名命名。

煙霧偵測器

超鈾元素的第一棒！

1940年發現

93	Neptunium	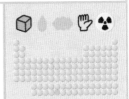
Np 錼		

元素名稱由來：排在以天王星命名的鈾之後，故以與天王星相鄰的「海王星（Neptune）」命名。

錼為放射性元素。週期表上錼以後的元素都是以人工合成方式生成的，稱為「超鈾元素」。雖然錼和下一個元素鈽（94）都歸類在人造元素，但後來在自然界中也發現極微量的存在。

鈾礦中含有極微量的錼元素

致敬居禮夫婦

1944年發現

96	Curium	
Cm 鋦		

元素名稱由來：紀念在放射性研究方面有重大貢獻的居禮夫婦。

鋦是人工合成的放射性元素。雖然曾考慮使用在核能電池上，但後來為鈽（94）所取代，目前鋦僅止於研究用。此外，鋦雖以居禮夫婦命名，但發現者並非居禮夫婦。

居禮夫婦
瑪麗·居禮
皮耶·居禮

超超超～級危險的元素！

1940年發現

94	Plutonium	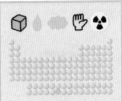
Pu 鈽		

元素名稱由來：排在以海王星命名的錼之後，故以與海王星相鄰的「冥王星（Pluto）」命名。

鈽為人工合成元素。具有高度放射性及劇毒性。鈽可當作核能發電的燃料，也是核能電池※的能源，此外，也被用於製造核子武器。

太空探測器和人造衛星所搭載的核能電池。

※可將放射性物質衰變時釋放的能量轉為電力。

偉大的物理學家

1952年發現

99	Einsteinium	

Es
鑀ㄞ

元素名稱由來：紀念出生於德國的物理學家
「阿爾伯特·愛因斯坦（Albert Einstein）」。

人工合成的放射性元素。研究
用。1954年，美國研究團隊
宣布在核子反應爐中成功合成
出「鑀」，但事實上，鑀是在
1952年第一次氫爆實驗的輻射
落塵中偶然發現的，由於該實
驗被視為軍事機密，直到1955
年才被公開。

阿爾伯特·
愛因斯坦
（1879-1955）

發現地在美國柏克萊

1949年發現

97	Berkelium	

Bk
鉳ㄟˊ

元素名稱由來：由加州大學柏克萊分校的
研究團隊發現，故以實驗室所在地
「柏克萊市（Berkeley）」命名。

人工合成的放射性元素，
研究用。鉳會釋放出強烈輻
射，十分危險。鉳是由美國
加州大學的化學家格倫·西
博格（Glenn T. Seaborg）等
人的研究團隊，以氦（2）
撞擊鋂（95）合成之元素。

柏克萊市
在這裡

美國

和鑀一同被發現的元素

1952年發現

100	Fermium	

Fm
鐨ㄈㄟˋ

元素名稱由來：紀念義大利物理學家
「恩里科·費米（Enrico Fermi）」。

人工合成的放射性元素。
研究用。鐨和鑀（99）一
樣，都是在氫爆實驗的輻
射落塵中發現的元素。元
素名稱源自設計出世界首
座核子反應爐的物理學家
費米。

恩里科·費米
（1901-1954）

不是「鉳」是「鉲」！

1950年發現

98	Californium	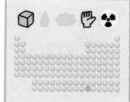

Cf
鉲ㄎㄚˇ

元素名稱由來：由加州大學柏克萊分校的研究團隊
發現，故以實驗室所在州「加州（California）」
命名。

人工合成的放射性元素。研
究用。鉲是由美國化學家西
博格等人所屬的研究團隊，
以氦（2）撞擊鋦（96）所
生成之元素。雖然元素是以
加州命名，但須注意元素名
稱不是「鉳」是「鉲」。

加州在這裡

美國

迴旋加速器之父

1961年發現

103 Lawrencium

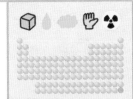

Lr

鐒（ㄌㄠˊ）

元素名稱由來：紀念美國物理學家「恩內斯特・
勞倫斯（Ernest O. Lawrence）」。

人工合成的放射性元素。
研究用。鐒是由吉奧索等
人所屬的美國研究團隊，
以硼（5）撞擊鉲（98）
合成的元素。元素名稱源
自發明迴旋加速器的美國
物理學家勞倫斯。

恩內斯特・勞倫斯

元素週期表之父

1955年發現

101 Mendelevium

Md

鍆（ㄇㄣˊ）

元素名稱由來：紀念俄國化學家「德米特里・
門得列夫（Dmitri Mendeleev）」。

人工合成的放射性元素。研
究用。鍆是由西博格等人所
屬的美國研究團隊，以氦
（2）撞擊鑀（99）所合成
之元素。元素名稱源自設計
出元素週期表雛形的化學家
門得列夫（漫畫中也有登
場）。

德米特里・門得列夫

核子物理學之父

1969年發現

104 Rutherfordium

Rf

鑪（ㄌㄨˊ）

元素名稱由來：紀念英國物理學家「歐尼斯特・
拉塞福（Ernest Rutherford）」。

人工合成的放射性元素。
研究用。鑪是由吉奧索等
人所屬的美國研究團隊，
以碳（6）撞擊鉲（98）
合成的元素。拉塞福是發
現原子核，對核子物理學
有重大貢獻的科學家。

歐尼斯特・拉塞福

諾貝爾獎的創立者

1958年發現

102 Nobelium

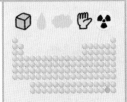

No

鍩（ㄋㄨㄛˋ）

元素名稱由來：紀念瑞典化學家
「阿佛烈・諾貝爾（Alfred Nobel）」。

人工合成的放射性元素。
研究用。在同一時期，來
自瑞典、美國及俄國的研
究團隊，都宣稱成功合成
了鍩元素。元素的命名也
因此起了爭論，後來經過
協議，才決定採用現在的
名稱。

阿佛烈・諾貝爾

天才物理學家！

1981年發現

107 Bohrium

Bh

鈹ㄅㄛˊ

元素名稱由來：紀念丹麥物理學家
「尼爾斯·波耳（Niels Bohr）」。

人工合成的放射性元素。研
究用。鈹是由德國重離子研
究中心，以鉻（24）撞擊鉍
（83）合成的元素。元素名
稱源自建立量子力學基礎的
丹麥物理學家波耳。

尼爾斯·波耳
（1885-1962）

杜布納位於莫斯科北方！

1967年發現

105 Dubnium

Db

𨧀ㄉㄨˋ

元素名稱由來：以俄國聯合原子核研究所
的所在地「杜布納（Dubna）」命名。

人工合成的放射性元素。
研究用。來自俄國及美國
的研究團隊，在同一時期
都提出了成功合成𨧀元素
的報告。元素的命名也因
此起了爭論，最後由俄國
團隊的主張獲得認可。

誕生於德國重離子研究中心！

1984年發現

108 Hassium

Hs

鏢ㄏㄟ

元素名稱由來：以德國重離子研究中心的所在地
「黑森邦（Land Hessen）」的拉丁語「Hassia」命名。

人工合成的放射性元素。
研究用。鏢是利用加速器
以鐵（26）撞擊鉛（82）
所合成的元素。德國重離
子研究中心的團隊率先合
成出鏢元素，取得元素的
命名權。

元素界的巨人西博格！

1974年發現

106 Seaborgium

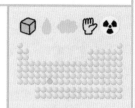

Sg

𨭎ㄒㄧˇ

元素名稱由來：紀念美國化學家
「格倫·西博格（Glenn T. Seaborg）」。

人工合成的放射性元素。
研究用。𨭎的命名來自於當
時以加速器成功合成出鈽
（94）、鋂（95）等9個元
素的美國化學家西博格。打
破了一般以逝世人物為化學
元素命名的慣例。

格倫·西博格
（1912-1999）

還是誕生於德國重離子研究中心！

1994年發現

111 Roentgenium

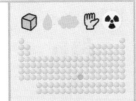

Rg

鎗（カ゛ゥ）

元素名稱由來：紀念德國物理學家「威廉·倫琴（Wilhelm Röntgen）」。

人工合成的放射性元素。研究用。鎗和鏢（108）等元素一樣，都是由德國重離子研究中心率先成功合成的元素。元素名稱是紀念倫琴發現X射線100週年。

威廉·倫琴

它也誕生於德國重離子研究中心！

1982年發現

109 Meitnerium

Mt

䥑（ㄇ゛ㄞ）

元素名稱由來：紀念奧地利的女性物理學家「莉澤·麥特納（Lise Meitner）」。

人工合成的放射性元素。研究用。䥑和鏢（108）一樣，都是由德國重離子研究中心率先成功合成的元素。元素名稱源自對核分裂的發現有重大貢獻的奧地利物理學家麥特納。

莉澤·麥特納
（1878-1968）

依然是誕生於德國重離子研究中心！

1996年發現

112 Copernicium

Cn

鎶（ㄍ゛さ）

元素名稱由來：源自波蘭天文學家「尼古拉·哥白尼（Nicolaus Copernicus）」。

人工合成的放射性元素。研究用。鎶和鏢（108）等元素一樣，都是由德國重離子研究中心率先成功合成的元素。元素名稱源自以提倡地動說聞名於世的天文學家哥白尼。

尼古拉·哥白尼

還有它也誕生於德國重離子研究中心！

1994年發現

110 Darmstadtium

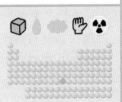

Ds

鐽（カ゛ㄚˇ）

元素名稱由來：以德國重離子研究中心的所在都市「達姆施塔特（Darmstadt）」命名。

人工合成的放射性元素。研究用。鐽和鏢（108）等元素一樣，都是由德國重離子研究中心率先成功合成，並取得命名權的元素。鐽是利用加速器以鎳（28）撞擊鉛（82）所合成。

達姆施塔特的市徽

俄、美共同研究！

1999年發現

114 Flerovium

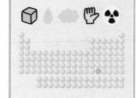

Fl

鈇ㄈ
ㄨ

元素名稱由來：紀念蘇聯核物理學家「格奧爾基・弗廖羅夫（Georgy Flyorov）」。

人工合成的放射性元素。研究用。鈇是由俄國和美國聯合組成的研究團隊，以鈣（20）撞擊鈽（94）合成的元素。元素名稱源自創立了俄國杜布納聯合原子核研究所的弗廖羅夫。

格奧爾基・弗廖羅夫
（1913-1990）

亞洲創舉！日本發現新元素！

2004年發現

113 Nihonium

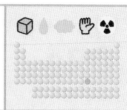

Nh

鉨ㄋ
ㄜ

元素名稱由來：源自取得元素命名權的國家「日本（Nihon）」。

人工合成的放射性元素。研究用。鉨是由日本理化學研究所的森田博士所率領的研究團隊，以鋅（30）撞擊鉍（83）合成的元素。這也是亞洲首次取得新元素的命名權，是科學史上一大壯舉。

博士的補充教室　　～元素的命名方式～

　　新元素之命名其實是遵循一定規則，即使取得元素的命名權，也不代表可以任意命名。以最基本的規則來說，可以使用國名、地名或偉人姓名替新元素命名，但不能使用公司名或組織名。此外，元素的英文名稱必須以「-ium」作詞尾（如113號元素鉨（Nihonium）），但週期表的第17、18族元素則例外，第17族（鹵素）須以「-ine」結尾，第18族（惰性氣體）則以「-on」結尾。

　　除此之外，只要過去曾經提案過的元素名稱就不得再使用，因此日

本研究團隊為113號元素命名時，並未將「Nipponium」列入候補名單。（Nipponium的相關介紹請見P166）

同樣是俄、美共同研究！

2010年發現

117 Tennessine

Ts
砈ㄊㄢ

元素名稱由來：以美國橡樹嶺國家實驗室的所在地「田納西州（Tennessee）」命名。

人工合成的放射性元素。研究用。砈和鈇（114）等元素一樣，都是由俄國和美國聯合組成的研究團隊，以鈣（20）撞擊鉳（97）合成的元素。砈和鉨（113）是同在2015年底被國際機構認定的4個新元素之一。

這也是俄、美共同研究！

2004年發現

115 Moscovium

Mc
鏌ㄇㄛˋ

元素名稱由來：以杜布納聯合原子核研究所的所在地「莫斯科州」命名。

人工合成的放射性元素。研究用。鏌和鈇（114）一樣，都是由俄國和美國聯合組成的研究團隊，以鈣（20）撞擊鋂（95）合成的元素。鏌和鉨（113）是同在2015年底被國際機構認定的4個新元素之一。

位於莫斯科州
的杜布納
聯合原子核研究所

依然是俄、美共同研究！

2002年發現

118 Oganesson

Og
氭ㄠˋ

元素名稱由來：紀念俄國物理學家「尤里·奧加涅相（Yuri Oganessian）」。

人工合成的放射性元素。研究用。氭和鈇（114）等元素一樣，都是由俄美聯合組成的研究團隊率先成功合成。奧加涅相是史上第二位還在世就成為元素名稱由來的科學家※。氭和鉨（113）是同在2015年底被國際機構認定的4個新元素之一。

尤里·奧加涅相

還有這也是俄、美共同研究！

2000年發現

116 Livermorium

Lv
鉝ㄌ一ˋ

元素名稱由來：源自美國加州的勞倫斯利福摩爾國家實驗室的所在都市「利福摩爾（Livermore）」。

人工合成的放射性元素。研究用。鉝和鈇（114）等元素一樣，都是由俄國和美國聯合組成的研究團隊，以鈣（20）撞擊鋦（96）合成的元素。美國研究團隊的實驗室位於利福摩爾，便以此地名為元素命名。

※第一位是格倫·西博格

181

躲藏的元素，都找到了嗎～？

第52～53頁

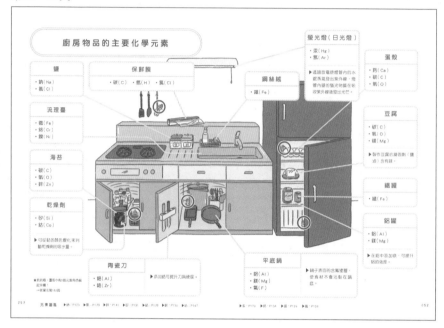

第56～57頁

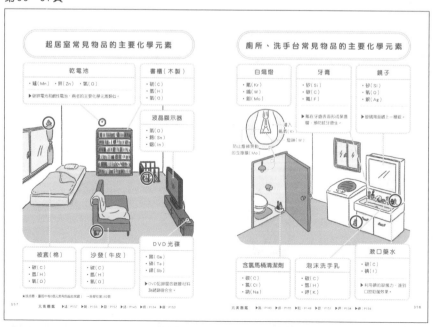

附錄解答　尋找元素角色

第70～71頁

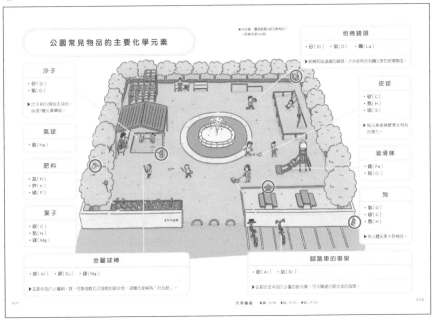

第74～75頁

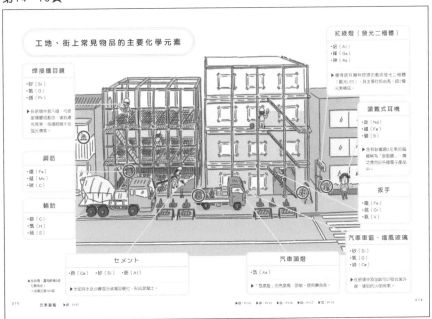

結語

　　非常感謝各位閱讀這本書！我們是理科圖文作家上谷夫婦，顧名思義，我們是夫婦兩人共同進行創作的，而本「結語」為丈夫所寫。

　　我曾經在化妝品製造商擔任研究員，主要負責各種化妝品的研發工作。還記得當時「無矽靈洗髮精」剛在日本颳起一陣旋風，那段時間常常看到隔壁部門的同事為了收集、測試各種「無矽靈洗髮精」的效能而奔波。「無矽靈洗髮精」的日文是「ノンシリコンシャンプー（Non-siliconshampoo）」，最初聽到這個說法時，我感到十分困惑，因為「シリコン（Silicon）」指的是化學元素「矽」，直譯過來就是「不含矽元素的洗髮精」。其實更正確的說法應該是「ノンシリコーンシャンプー（Non-siliconeshampoo）」，所謂的「シリコーン（Silicone）」就是中文俗稱的「矽靈」，這是一種「矽氧聚合物構成的脂類物質」。「無矽靈洗髮精」就是以無添加這種脂類物質為賣點的洗髮精。不過，若單從發音難易程度來說，確實是「ノンシリコンシャンプー（Non-siliconshampoo）」更加朗朗上口，或許當初選用這個名稱的理由就這麼簡單吧。

　　言歸正傳，我們還是把話題拉回來，談談這本書的主題吧。其實不僅是化妝品，「我們生活周遭的所有東西，都是由各種化學元素構成的」，從人體開始，舉凡家中、戶外、商店、醫院等，生活中的物品無一不是由元素所構成，而我創作這本書的初衷，就是希望儘可能以輕鬆易懂的方式，將此概念傳達給各位讀者。若各位看完這本書後，能夠開始用不同於以往的觀點看待周遭物品就太令人開心了。甚至若能因此對元素產生興趣，進而想了解更多，那就更令人開心了。

　　在此特別感謝擔任本書監修的左卷先生，以及負責設計的寄藤先生、古屋小姐、ARON DESIGN的御手洗先生，還有編輯小宮先生，沒有各位的協助，就沒有這本書的誕生。

　　殷切期盼今後能透過漫畫和插圖，繼續將科學和化學的趣味及奧妙傳達給更多人知道。

上谷夫婦

參 考 文 獻

《從元素看化學及人類歷史：The Story of the Periodic Table（暫譯）》Anne
Rooney／原書房（2019）

《理科年表平成29年（2017）（暫譯）》國立天文台編／丸善出版（2016）

《完全搞懂118種元素圖鑑（暫譯）》子供の科 編輯部編／誠文堂新光社（2017）

《太厲害了！稀有金屬（暫譯）》齋藤勝裕／日本實業出版社（2016）

《奇怪的金屬 厲害的金屬（暫譯）》齋藤勝裕／技術評論社（2009）

《關於118種元素的新知識（暫譯）》櫻井弘編／講談社（2017）

《元素圖鑑》左卷健男、田中陵二／聯經出版（2013）

《全世界最美的元素圖鑑：The Elements: A Visual Exploration of Every Known
Atom in the Universe（暫譯）》Theodore Gray／創元社（2010）

《元素週期表終極圖鑑：118個化學元素的知識大百科》Tom Jackson／大石國際文化
（2018）

《看懂元素週期表，掌握生命奧祕：醫學博士帶你輕鬆了解從宇宙到人體的運
作原理》吉田隆嘉／木馬文化（2020）

《元素生活：118個KUSO化學元素，徹底解構你的生活》寄藤文平／遠流（2010）

《改訂版PHOTO SCIENCE化學圖錄（暫譯）》數研出版（2013）

《元素週期表PERFECT GUIDE（暫譯）》誠文堂新光社（2017）

《完全圖解元素與週期表：解讀美麗的週期表與全部118種元素！》日本Newton
Press／人人出版（2019）

過渡元素 ● 週期表中第3～11族的元素稱為過渡元素，不僅縱向的同族元素性質相似，連橫向元素的性質也很像。

光晶格鐘 ● 利用雷射光束及原子製成的超高精確度時鐘，其精確度高達每300億年誤差不超過1秒。

合金 ● 在某種金屬中摻入其他化學元素所製成的金屬材料。

核分裂　由鈾等較重的（原子序較大的）原子，分裂成2個較輕的（原子序較小的）原子的一種核反應。

核能發電 ● 利用鈾燃料進行核分裂連鎖反應所產生的熱來發電。

核燃料 ● 核能發電中，能產生核分裂，並釋放出巨大能量的物質。目前主要使用鈾燃料。

核融合 ● 較輕的原子核互相撞擊，結合成1個較重的原子核，並釋出巨大能量的反應。例如太陽的「核融合反應」，即是4個氫原子核互相撞擊，融合成1個氦原子核。

化合物 ● 由2種或2種以上的元素結合而成的物質。

鹼金屬 ● 週期表最左邊的縱行，同屬第1族的6個金屬元素（不含氫元素）。鹼金屬的質地柔軟，碰到水會產生劇烈反應。

晶體 ● 原子按一定規則重覆排列而成的固體。

稀土元素 ● 又稱稀土金屬，是鈧、釔和鑭系元素共17種元素的合稱。

▶ 相關介紹請見P135

稀有金屬 ● 公認對產業發展很重要的元素。在日本則是將包含稀土元素在內的47種化學元素選定為稀有金屬。

▶ 相關介紹請見P142

質子 ● 構成原子核的粒子。帶有正電。

週期 ● 週期表的橫列稱為「週期」。

中子 ● 構成原子核的粒子。和帶正電的質子不同，中子不帶電。

超導現象 ● 材料在低於某一溫度時，電阻變為零，電流暢行無阻的現象。

觸媒 ● 可加速化學反應的物質，又稱催化劑。

熔點 ● 固體開始熔解成液體時的溫度。

名詞解釋

英文

RI檢查（放射性同位素掃描） ● 事先將放射性藥物注射入受檢者體內，再利用儀器偵測放射性藥物在人體內的分布及代謝狀況，是一種常用來診斷心臟病等疾病的核醫掃描檢查。

ㄅ

半導體 ● 導電性會依據溫度高低、光的有無等條件而有很大變化的物質。

ㄈ

放射性元素 ● 會釋出放射線（游離輻射）的元素。

ㄉ

單質 ● 只由單1種元素組成的物質。

典型元素 ● 週期表中第1、2族、第12～18族的元素稱為典型元素（又稱主族元素），典型元素的同族元素在化學性質上非常相似。

電鍍 ● 在材料表面鍍上一層金屬膜，以提高材料的耐候性等機能。

電子 ● 圍繞在原子核周圍，構成原子的粒子之一。帶有負電。

惰性氣體（稀有氣體） ● 週期表最右邊的縱行，同屬第18族的元素。常溫常壓下為氣體，性質穩定，很難與其他物質發生化學反應。

ㄊ

鐵磁性物質 ● 具有磁性，可吸住磁鐵的物質，如鐵、鈷和鎳等。

同素異形體 ● 由同一種化學元素組成，但原子排列方式和結構卻不相同的物質。如同碳元素有石墨和鑽石等同素異形體一樣，磷和硫等元素也有同素異形體。

同位素 ● 原子序相同（也就是同一種元素），但中子數目不同的原子。

ㄌ

雷射 ● 簡單來說，就是非常細的強力光束。雷射的用途極為廣泛，包含通訊、手術、測量、材料加工等。

鑭系元素 ● 第57號元素鑭～第71號元素鎦共15種化學元素的統稱，這些元素彼此間具有相似的化學性質。

粒子加速器 ● 可將中子或電子等粒子加速，使粒子與其他原子核高速碰撞的大型裝置。主要用途為研究人造元素等。

所構成。

原子序 ● 化學元素在週期表上所占位置的號數。該數字也代表原子核內質子的數量。

原子鐘 ● 利用原子細微的狀態變化來計算頻率，以保持時間的準確，是精確度非常高的時鐘。

永久磁鐵 ● 生活中常見的一般磁鐵。更精確的說，是指不需外加能量（如電流等）就能長期保持磁性的磁鐵。而通電才有磁性的磁鐵，則稱為電磁鐵。

ㄗ

族 ● 週期表的縱行稱為「族」。

ㄩ

錒系元素 ● 是第89號元素錒到第103號元素鐒等，共15種化學元素的統稱。這15種元素皆為放射性元素。

一

游離輻射（放射線） ● 不穩定元素衰變時，從原子核中放射出來具有能量的波或粒子，俗稱為放射線。如阿伐射線（α射線）、伽瑪射線（γ射線）和X射線等，不同的輻射有不同的穿透力（能量強度）。

ㄩ

元素 ● 擁有相同質子數的原子屬於同一化學元素。目前已知的化學元素有118種。

元素符號 ● 各種元素和原子的代表符號，通常以元素拉丁文名稱的第一個字母表示。

元素週期表 ● 將元素依照原子序排列及化學性質分類，統整成具有規律週期性的表格。

原子 ● 構成所有物質的基本粒子。一個原子由原子核與電子組成。

原子核 ● 位於原子的中央，由質子和中子

化學元素索引

作者 ● 上谷夫婦

奈良縣出生，現居神奈川縣。先生原為任職於知名化妝品公司資生堂的前研究員，目前與非理科出身的太太搭檔進行創作。從創作和販售原創角色「燒杯君和他的夥伴」的周邊商品開始，最近也積極活用理工科的知識，以理科圖文作家的身分展開活動。主要著作有《最有梗的理科教室：燒杯君與他的理科小夥伴》、《最有梗的單位教室：公尺君與他的單位小夥伴》、《燒杯君與放學後的實驗教室》、《肥皂超人出擊！》（以上由親子天下出版）等。 最新個人資訊請見 ▶ twitter @uetanihuhu

監修 ● 左卷健男

1949年出生於栃木縣。千葉大學教育學系畢業。東京學藝大學研究所碩士課程結業（物理化學、科學教育）。在國中、高中任教26年後，歷經京都工藝纖維大學教授、同志社女子大學教授、法政大學生命科學系教授、法政大學教職課程中心教授等職，現為東京大學講師。國中自然科課本《新科學》（東京書籍）編輯委員、撰稿者。主要著作有《有趣到睡不著的化學》（快樂文化出版）、《新高中化學教科書》（日本講談社出版）、《2小時複習國中自然科》、《2小時複習基礎物理》（以上由日本大和書房出版）、《生活中的偽科學》（日本平凡社出版）、《元素圖鑑》（田中陵二合著／聯經出版）等書。

◖◗ 少年知識家

最有梗的元素教室
週期表君與他的元素小夥伴

作者｜上谷夫婦（うえたに夫婦）
繪者｜上谷夫婦（うえたに夫婦）
譯者｜李沛栩

責任編輯｜呂育修
封面設計｜陳宛昀
行銷企劃｜劉盈萱

天下雜誌群創辦人｜殷允芃
董事長兼執行長｜何琦瑜
媒體暨產品事業群
總經理｜游玉雪
副總經理｜林彥傑
總編輯｜林欣靜
行銷總監｜林育菁
主編｜楊琇珊
版權主任｜何晨瑋、黃微真

出版者｜親子天下股份有限公司
地址｜台北市104建國北路一段96號4樓
電話｜（02）2509-2800　傳真｜（02）2509-2462
網址｜www.parenting.com.tw
讀者服務專線｜（02）2662-0332　週一～週五：09:00~17:30
讀者服務傳真｜（02）2662-6048　客服信箱｜parenting@cw.com.tw
法律顧問｜台英國際商務法律事務所．羅明通律師
製版印刷｜中原造像股份有限公司
總經銷｜大和圖書有限公司　電話：（02）8990-2588

出版日期｜2021年4月第一版第一次印行
　　　　　2024年9月第一版第十一次印行

定價｜380元
書號｜BKKKC172P
ISBN｜9789575039639（平裝）

國家圖書館出版品預行編目資料

最有梗的元素教室：週期表君與他的元素小夥伴／上谷夫婦作．繪；李沛栩譯．-- 第二版．
-- 臺北市：親子天下股份有限公司, 2021.04
192面；17X23公分
ISBN 978-957-503-963-9(平裝)
1.化學 2.通俗作品
340　　　　　　　　　　　110002738

訂購服務 ──────
親子天下 Shopping | shopping.parenting.com.tw
海外‧大量訂購 | parenting@cw.com.tw
書香花園 | 台北市建國北路二段6巷11號　電話（02）2506-1635
劃撥帳號 | 50331356　親子天下股份有限公司

立即購買 ▷